职业教育课程改革规划创新教材

Android应用开发

主编　黄程　许姗姗

内 容 提 要

本书全面介绍了 Android 应用开发实战的相关知识。总共九章，涉及的知识点有：Android 系统的四大组件——活动(Activity) 、服务(Service) 、广播接收器(Broadcast Receiver) 和内容提供器(Content Provider) 以及界面布局与组件介绍、多个用户界面的程序设计、数据存储、多媒体开发、网络技术、地图应用等。

本教材的编写结合软件信息产业对软件技术人才的需求，校企结合，采用“能力本位”的理念，对 Android 技术知识体系进行项目式开发。适用于中职物联网专业核心课程，也适用于移动应用技术与服务专业的等计算机相关专业核心课程。项目制教学，通俗易懂，也适用于广大计算机开发兴趣爱好者。

图书在版编目（CIP）数据

Android 应用开发 / 黄程，许姗姗主编 .—北京 ：中国石化出版社，2020. 1
ISBN 978-7-5114-5641-0

Ⅰ. ①A… Ⅱ. ①黄… ②许… Ⅲ. ①移动终端-应用程序-程序设计 Ⅳ. ①TN929. 53

中国版本图书馆 CIP 数据核字（2020）第 001674 号

中国石化出版社出版发行
地址：北京市东城区安定门外大街 58 号
邮编：100011 电话：(010)57512500
发行部电话：(010)57512575
http://www. sinopec-press. com
E-mail：press@ sinopec. com
北京科信印刷有限公司印刷
全国各地新华书店经销
*
787×1092 毫米 16 开本 14. 75 印张 341 千字
2020 年 3 月第 1 版 2020 年 3 月第 1 次印刷
定价：42. 00 元

《Android 应用开发》编委会

主　编　黄　程　许姗姗

副主编　吴力智　郭莺娈　刘斌茂　林伯腾　陈积金

编　委　吴红英　胡　敏　张有松　陈　龙　吴德进

王密宫　江永智　邹木英　骆韵婷

前　言

Preface

目前我国的计算机产业正处于快速发展时期，尤其是移动互联网的迅猛发展，Android 开发人员的需求量也在不断扩大。Android 是 Google 公司开发的手机操作系统，自诞生以来，其功能日益强大，因此 Android 开发技术人才的培养显得越来越重要。目前国内外许多关于 Android 的课程，虽然有相应的理论体系和实践技能体系支撑，但大部分类似的课程都采用传统的知识章节体系架构，不能与企业的岗位需求接轨，不能适应软件企业对人才的需求，更不能满足中职学校培养 Android 技术人才的需要。本书紧密围绕当前移动互联网的发展形势，结合软件信息产业对软件技术人才的需求，以工作过程为导向将项目进行任务化分解，将课程的知识技能贯穿于教材的项目中。

本书是一本 Android 开发实战教程，以企业项目社交化 App 为案例，将项目分解成多个任务，用具体任务彻底剖析了 Android 开发的每一个知识点，知识点的介绍通俗易懂，由浅入深，由基础到高级，带领读者一步步走进 Android 开发的奇妙世界。

全书共有九章，各章内容如下：

第一章介绍了 Android 系统的发展史、开发工具的安装步骤、创建第一个 Android 应用程序，并对 Android 应用程序的结构进行详细介绍。

第二章介绍了 Android 程序设计基础，有变量、数组、逻辑控制语句、面向对象思想、集合类及哈希表等基础知识。

第三章介绍了界面布局及界面常用组件，各组件都进行了详细的讲解。

第四章介绍了四大组件之一的 Activity、Activity 的生命周期、Activity 间的通信及 Intent 的详细介绍。

第五章数据存储是 Android 开发的重点。本章介绍了轻量级存储对象 SharedPreferences、SQlite 的应用及四大组件之一的内容提供者。

第六章介绍了四大组件之一的广播、线程和消息处理工具类 Handler。

第七章介绍了输入输出操作、HttpURLConnection 访问网络及数据解析对象 JSON。

第八章介绍了四大组件之一的服务，如何创建、启动服务及程序与远程服务通信。

第九章介绍了地图的应用。

书中的每一章都通过任务的形式，引入本章的核心知识点，从而完成任务。全书主要有以下特点：

(1) 以企业项目社交化 App 为案例，全面系统地学习了 Android 开发。

(2) 适合 Java 语言零基础学习。为帮助没有 Java 语言基础的读者学习 Android 开发，特别安排了第二章介绍 Java 基础知识的内容。

(3) 结构合理、内容科学，难度由浅入深。

同时，本书中很多的知识点都进行了深入的剖析。例如网络编程，不仅介绍了常用的框架，对于数据的解析也进行了深入的讲解。

本书可作为各类培训学校或者院校相关专业的 Android 入门教材，也可作为计算机编程爱好者的自学参考书。

目 录

Contents

第一章　第一个 Android 程序

知识点

(1) Android 系统概述。
(2) Android Studio 工具的安装步骤。
(3) 创建 Android 应用程序。

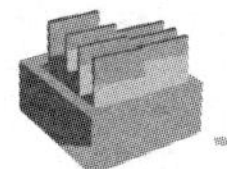

能力点

(1) 了解 Android 起源、发展历史及熟悉 Android 的体系结构。
(2) 掌握 Android 环境的搭建。
(3) 掌握 Android 程序的开发步骤。

任务描述

搭建 Android 开发环境，创建 Android 应用程序并通过模拟器运行应用程序。

任务　Android 系统概述

一、任务分析

本章将对手机操作系统、Android 的发展史及 Android 的平台架构进行介绍，让大家对 Android 有一个基本的了解。接下来，我们将通过创建第一个 Android 程序来熟悉 Android 的开发环境、开发步骤及应用程序的目录结构。

二、相关知识

1. Android 的发展史

Android 的本意为机器人。谷歌公司将 Android 的标识设计为一个绿色的机器人，表示 Android 系统符合绿色环保概念，是一款轻便短小、功能强大的移动系统。Android 图标如图 1.1 所示。

图 1.1　Android 图标

Android 操作系统最初是由安迪・罗宾(Andy Rubin)开发出来的，2003 年 10 月，安迪・罗宾等人一起创办了 Android 公司。

2005 年 8 月，谷歌收购了该公司。2008 年 9 月，谷歌正式发布了 Android 的第一个版本 Android1. 1。

Android 的发展已经经历了十几个主要版本的变化，从 Android1. 5 版开始，Android 用甜点作为系统版本的代号。具体版本如表 1. 1 所示。

表 1. 1　Android 的版本演变过程

版本号	发布日期	API	代号
Android1. 5	2009 年 4 月 30 日	5	Cupcake(纸杯蛋糕)
Android1. 6	2009 年 9 月 5 日	6	Donut(甜甜圈)
Android2. 0/2. 0. 1/2. 1	2009 年 10 月 26 日	7	Eclair(松饼)
Android2. 2/2. 2. 1	2010 年 5 月 20 日	8	Froyo(冻酸奶)
Android2. 3	2010 年 12 月 7 日	10	Gingerbread(姜饼)
Android3. 0/3. 1/3. 2	2011 年 2~7 月	11~13	Honeycomb(蜂巢)
Android4. 0	2011 年 10 月 19 日	14~15	Cream Sandwich(冰激凌三明治)
Android4. 1/4. 2	2012 年 6~10 月	16~17	Jelly Bean(果冻豆)
Android4. 3	2013 年 7 月 25 日	18	Jelly Bean(果冻豆)
Android4. 4	2013 年 9 月 4 日	19	KitKat(奇巧)
Android5. 0	2014 年 10 月 15 日	20	Lollipop(棒棒糖)
Android 6. 0	2015 年 5 月 28 日	23	Marshmallow(棉花糖)
Android 7. 0	2016 年 5 月 18 日	24	Nougat(牛轧糖)
Android 8. 0	2017 年 12 月 5 日	27	Oreo(奥利奥)
Android 9. 0	2018 年 8 月 7 日	28	Pie(馅饼)

注：API 指的是应用程序接口。

2. Android 平台架构

Android 操作系统的体系结构可分为 5 层，由上到下依次是应用层、应用层框架、核心类库和 Linux 内核层。

(1) 应用层。

应用层是用 Java 语言编写的运行在 Android 平台上的程序，比如 E-mail 客户端、SMS 短消息程序、日历、地图、浏览器、联系人管理程序，当然还包括人们开发的各种程序。

(2) 应用层框架。

这一层主要提供了构建应用程序时可能用到的各种 API，Android 自带的一些核心应用就是使用这些 API 完成的。开发者也可以通过使用这些 API 来构建自己的应用程序。

(3) 核心类库。

核心类库主要是指提供 Android 程序运行所需的一些类库，这些类库一般是使用 C/C++ 语言编写的，以下是一些核心类库的描述。

系统 C 库：一个从 BSD(Unix 的衍生系统)继承来的标准 C 系统函数库(libc)，专门为基于 Embedded Linux 的设备定制。

媒体库：基于 PacketVideo OpenCORE；该库支持录放，并且可以录制许多流行的音频视频格式，还能储存静态映像文件(包括 MPEG4、H. 264、MP3、AAC、JPG、PNG)。

Surface Manager：对显示子系统的管理，并且为多个应用程序提供2D和3D图层的无缝融合。

LibWebCore：一个最新的Web浏览器引擎，用来支持Android浏览器和一个可嵌入的Web视图。

SGL：一个内置的2D图形引擎。

3D libraries：基于OpenGL ES 1.0 APIs实现；该库可以使用硬件3D加速(如果可用)或者使用高度优化的3D软加速。

FreeType：位图(bitmap)和向量(vector)字体显示。

SQLite：一个对于所以应用程序可用、功能强劲的轻型关系型数据库引擎。

(4) Linux内核层。

Android系统是基于Linux内核开发的，这一层为Android设备的各种硬件提供了底层的驱动，如显示驱动、音频驱动、照相机驱动、蓝牙驱动、Wi-Fi驱动、电源管理驱动等。

(5) Android运行时。

Android运行时包括核心库和Dalvik虚拟机两部分。核心库中提供了Java编程语言核心库的大多数功能。

每一个Android应用程序都在其自己的进程中运行，都拥有一个独立的Dalvik虚拟机实例。该虚拟机是基于寄存器的，所有的类都是经由Java汇编器编译，然后通过SDK中的DX工具转化成.dex格式由虚拟机执行。

3. Android Studio工具的安装步骤

在熟悉了Android开发工具的相关知识后，接下来，我们将正式开始搭建Android开发环境。具体步骤如下。

(1) 下载Android SDK。

读者可先自行下载SDK，也可以等安装完Android Studio后再通过Android Studio环境下载SDK。这里笔者使用的下载网址是http：//tools.android-studio.org/index.php/sdk，下载界面如图1.2所示。

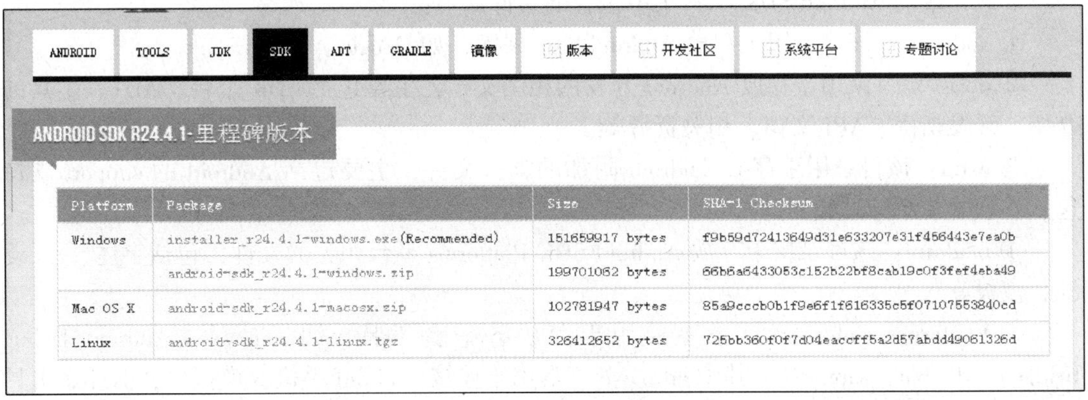

ANDROID　TOOLS　JDK　SDK　ADT　GRADLE　镜像　版本　开发社区　系统平台　专题讨论

ANDROID SDK R24.4.1-里程碑版本

Platform	Package	Size	SHA-1 Checksum
Windows	installer_r24.4.1-windows.exe(Recommended)	151659917 bytes	f9b59d72413649d31e633207e31f456443e7ea0b
	android-sdk_r24.4.1-windows.zip	199701062 bytes	66b6a6433053c152b22bf8cab19c0f3fef4eba49
Mac OS X	android-sdk_r24.4.1-macosx.zip	102781947 bytes	85a9cccb0b1f9e6f1f616335c5f07107553840cd
Linux	android-sdk_r24.4.1-linux.tgz	326412652 bytes	725bb360f0f7d04eaccff5a2d57abdd49061326d

图1.2　Android SDK下载界面

下载完对应平台的SDK包后，解压其中的文件SDK Manager.exe，双击它可以看到所有可下载的Android SDK版本，如图1.3所示。

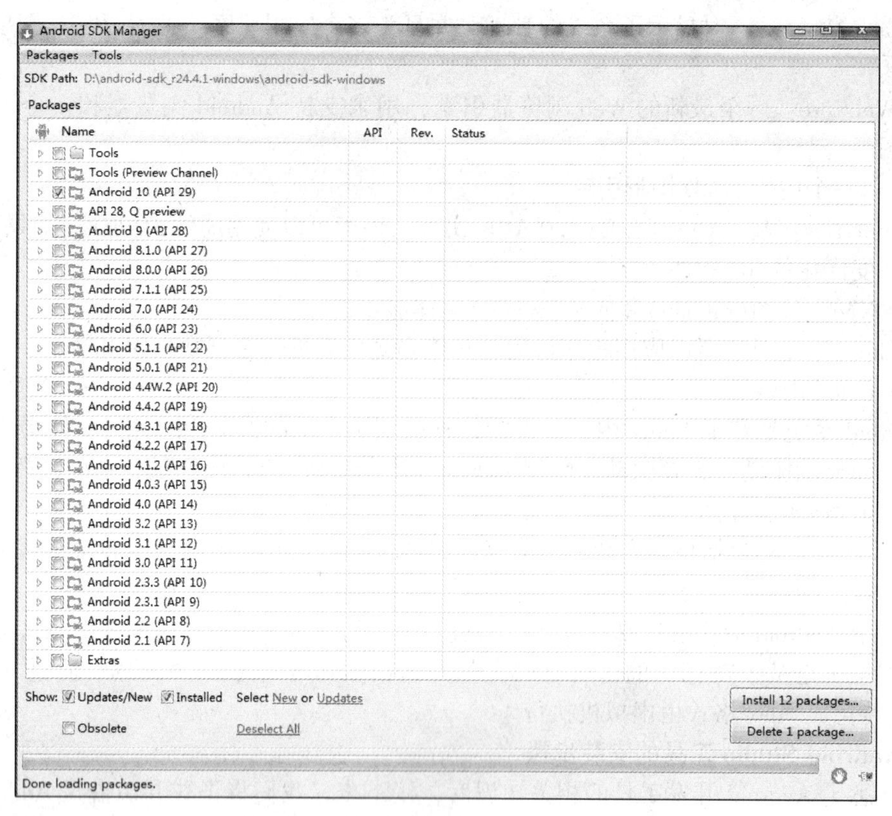

图 1.3　所有可下载的 Android SDK 版本

由于 Android SDK 版本比较多，全部下载会很耗时，因此可以根据情况适当进行选择。如果硬盘容量充足，那么可选择全部下载。选择相应的 SDK 版本，单击窗口右下角的 Install packages 按钮进入 Choose Package to install 界面，选中右下角的 Accept All，单击 Install 按钮进行安装。选中右下角的 Accept License，然后点击 Install，进行下载。

下载完成的 Android SDK 工具集中包含的文件如下：

① add-ons：该目录用于存放 Android 的扩展库，如 Google API 等。

② doc：该目录用于存放 Android 开发的相关文档，主要包括 SDK 平台、ADT、工具的介绍、开发指南、API 文档、相关资源等。

③ extra：该目录用于存放 Android 附加的支持文件，主要包括 Android 的 support 支持包、谷歌的几个工具和驱动。

④ platform：该目录用于存放 Android SDK Platforms 平台相关的文件，包括字体、res 资源、模板等。

⑤ Platform－tools：该目录主要用于存放各平台工具，如 adb. exe（Android Debug Bridge）、dx. bat、aapt. exe。其中 adb. exe 工具用于连接 Android 手机或模拟器，dx. bat 工具用于将 . class 字节码文件转成 Android 字节码 . dex 文件，aapt. exe 用于将开发的应用打包成 APK 安装文件。

⑥ sources：该目录用于放置 API 源代码，可以把源代码关联到具体的项目中，点击类名可以查看该类的源代码实现。

⑦ system-images：该目录用于存放系统中用到的所有图片。

⑧ temp：该目录用于存放系统中的临时文件。

⑨ tools：该目录是 SDK 中一个非常重要的目录，其中包含了很多重要的工具，如 ddms. bat 用于启动 Android 调试工具，sqlite3. exe 可以在个人电脑上操作 SQLite 数据库。

（2）安装 Android Studio。

下载最新版本的 Android Studio 软件 android-studio-ide-173.4720617-windows.exe（如图 1.4 所示），推荐网站 http：//www. android-studio. org/。下面介绍 Android Studio 工具的安装步骤。

图 1.4　最新版本的 Android Studio 软件下载界面

点击“Next”按钮，进入图 1.5 选择安装的插件。

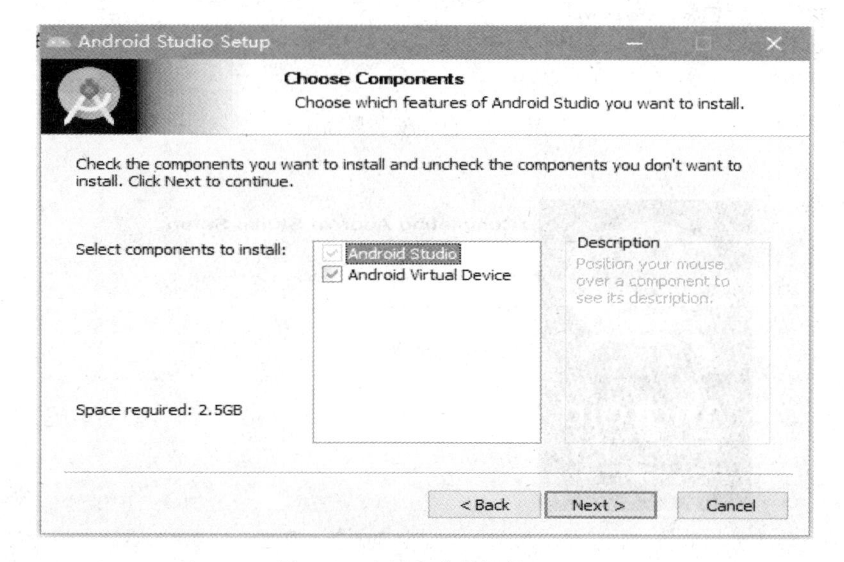

图 1.5　选界安装的插件界面

继续点击“Next”，进入图1.6选择Android studio的安装目录。

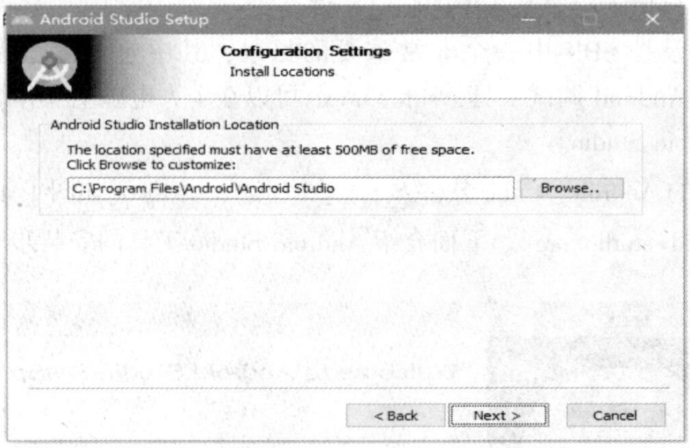

图1.6　选择安装目录界面

接下来就进入自动安装模式了(如图1.7、图1.8所示)。

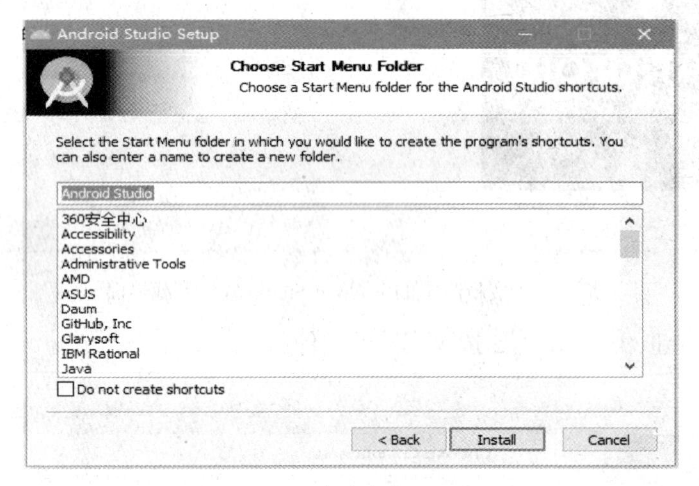

图1.7　自动安装界面1

图1.8　自动安装界面2

由于勾选了“Start Android Studio”，所以点击 Finish 时会自动启动 Android Studio。

图 1.9 用于导入 Android Studio 配置文件，如果是第一次安装，选择最后一项“不导入配置文件”，然后点击“OK”即可。其他界面见图 1.10 和图 1.11。

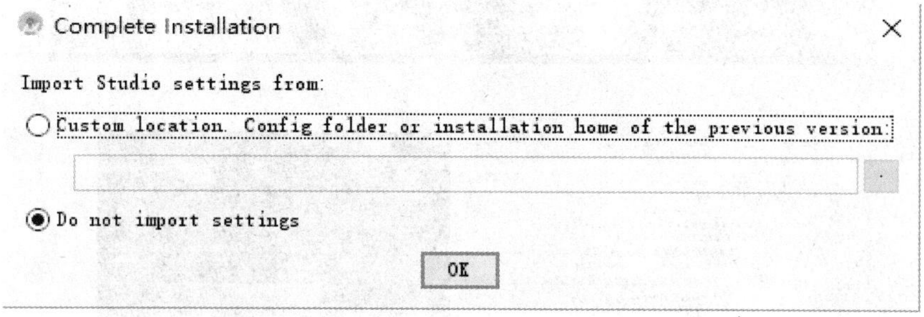

Complete Installation

Import Studio settings from:

Custom location. Config folder or installation home of the previous version:

Do not import settings

OK

图 1.9　导入 Android Studio 配置文件的界面

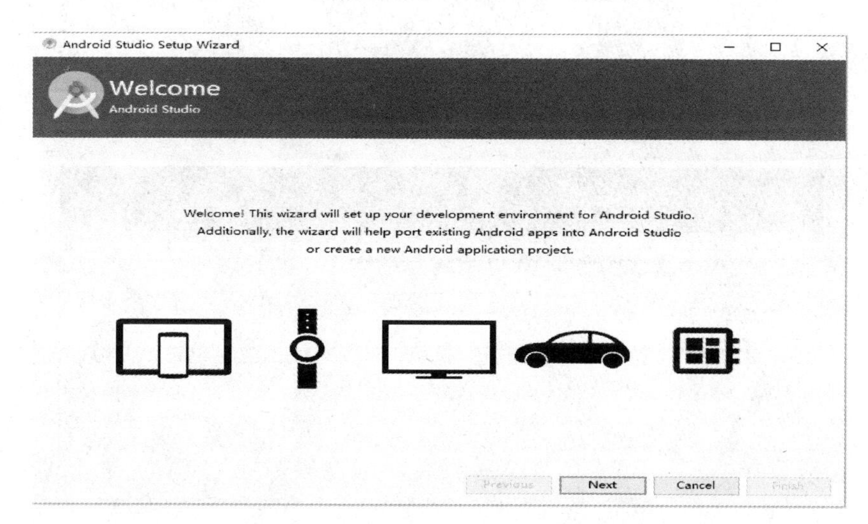

图 1.10　Android Studio 安装向导界面

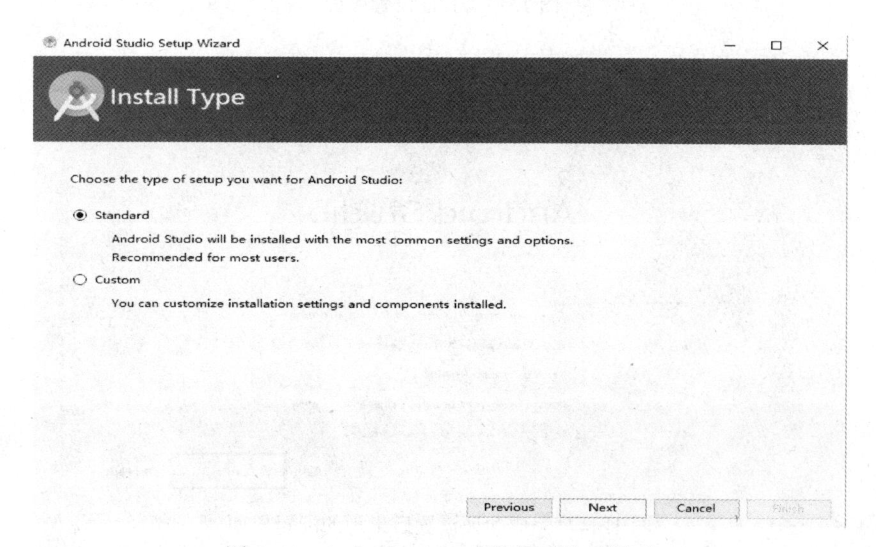

图 1.11　Android Studio 安装类型选择界面

点击 Next，进入 UI 界面主题选择界面(见图 1.12)，可以选择自己喜欢的风格，这里选择 IntelliJ 风格。其他界面见图 1.13 和图 1.14。

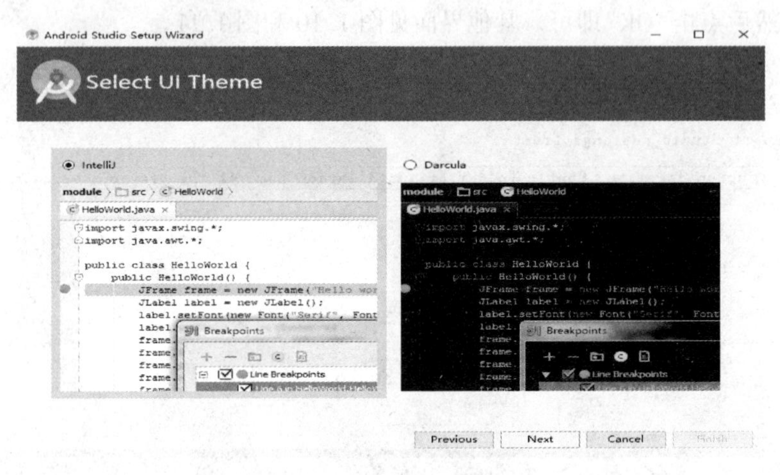

图 1.12　主题选择界面

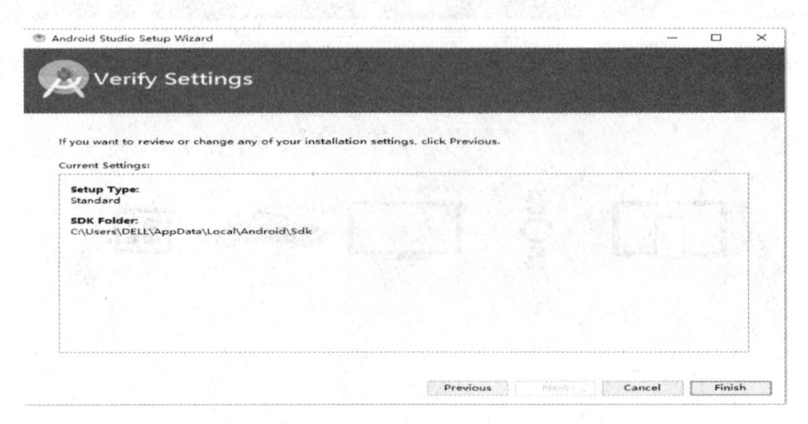

图 1.13　验证设置界面

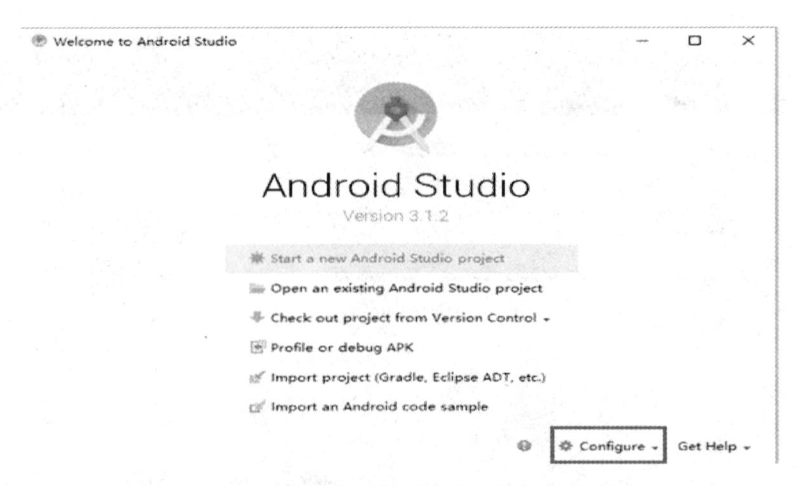

图 1.14　完成验证设置后出现的配置界面

图 1.14 中的警告图标❗表示当前环境没有检测到 SDK，也就是在安装 Android Studio 的过程中没有成功下载 SDK，这是因为作者在安装过程中没有连接网络。

解决方法：

① 如果已经提前下载好 SDK，那么点击右下角的“Configure”，下拉选择“Project Defaults”选项的下级菜单“Project Structure”(如图 1.15 所示)。

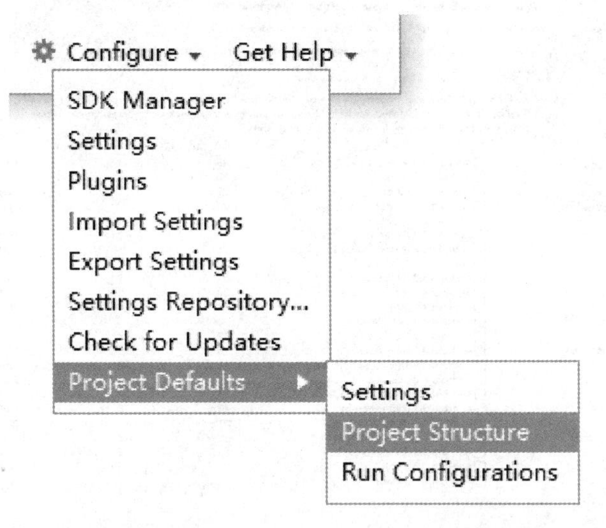

图 1.15　选择 Project Defaults 的下级菜单 Project Structure

打开如图 1.16 所示的界面，选择图中用圆圈圈起来的按钮，打开窗体，选择已下载的 SDK。选择 SDK 后，点击按钮“OK”，Android Studio 就安装完毕了。

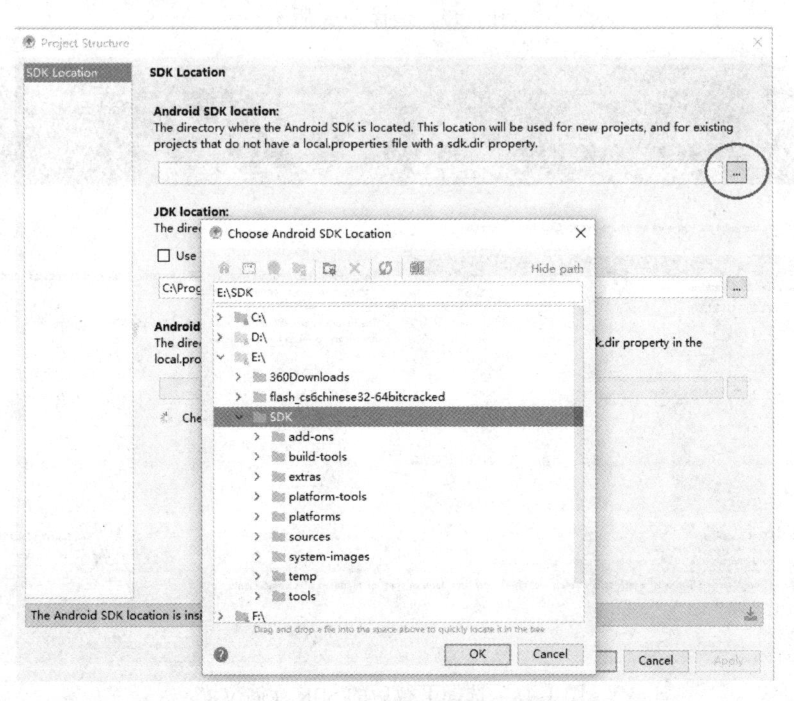

图 1.16　完成安装界面

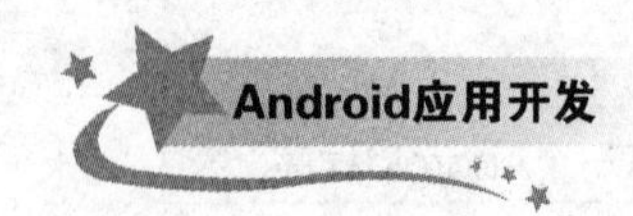

② 另一种情况是读者还未提前下载 SDK。具体步骤：点击右下角的“Configure”，下拉选择“SDK Manager”选项，打开 SDK 下载界面。这里列出了所有的 SDK 版本(如图 1.17 所示)，选择想要下载的 Android SDK，点击右上角的“Edit”选择下载后的 SDK 存储位置(如图 1.18 所示)。

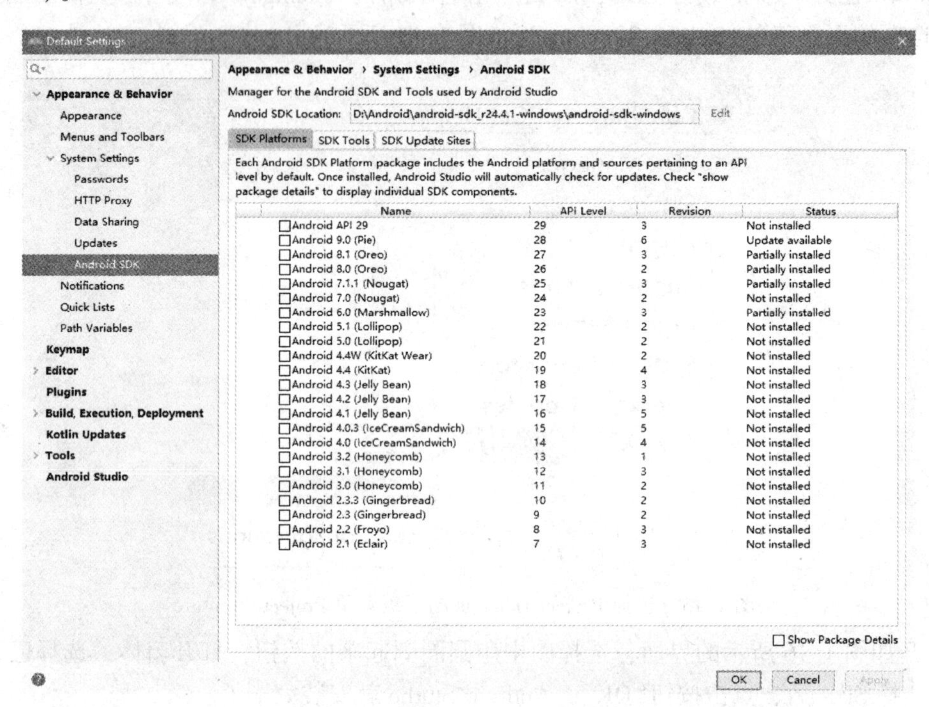

图 1.17　选择 SDK 版本

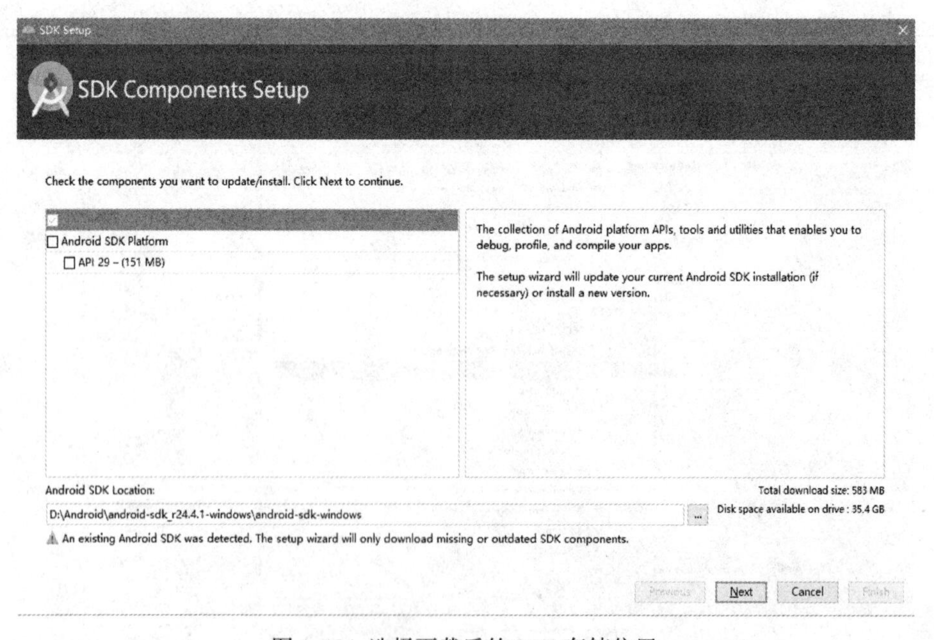

图 1.18　选择下载后的 SDK 存储位置

这里需要指定 SDK 的本地路径(如图 1.19 所示)。

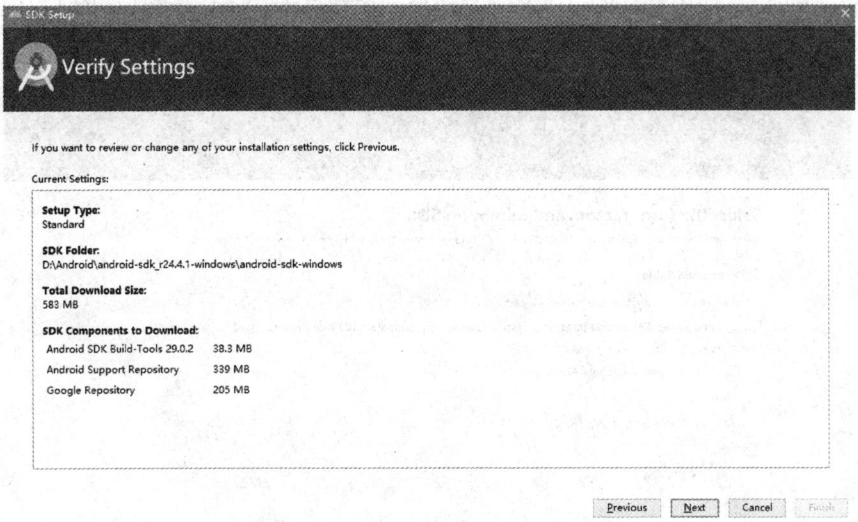

图 1.19　指定 SDK 的本地路径

至此，Android Studio 已安装完毕。接下来，可以开始 Android 程序的开发之旅。下面创建第一个 Android 程序。

4. 创建 Android 程序

启动打开 Android Studio 界面，在菜单栏中点击文件→新建→新建工程。此时，在弹出的对话框中(如图 1.20 所示)，Applicaation name 指的是项目名，Package name 是包名，(包名可点击“Edit”按钮进行修改)，Project location 指的是项目所存储的路径。

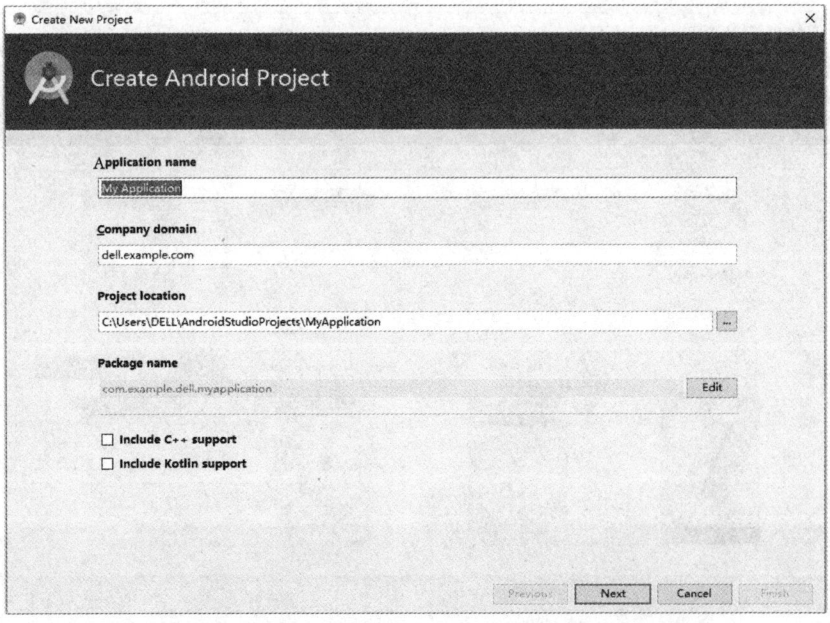

图 1.20　点击“新建工程”后弹出的对话框

点击"Next"进入下一步，可选择合适的设备及 SDK 的最低版本。这里选择目标设备"Phone and Tablet"，使用默认的 API 版本 API15，接着点击"Next"按钮(如图 1.21 所示)。

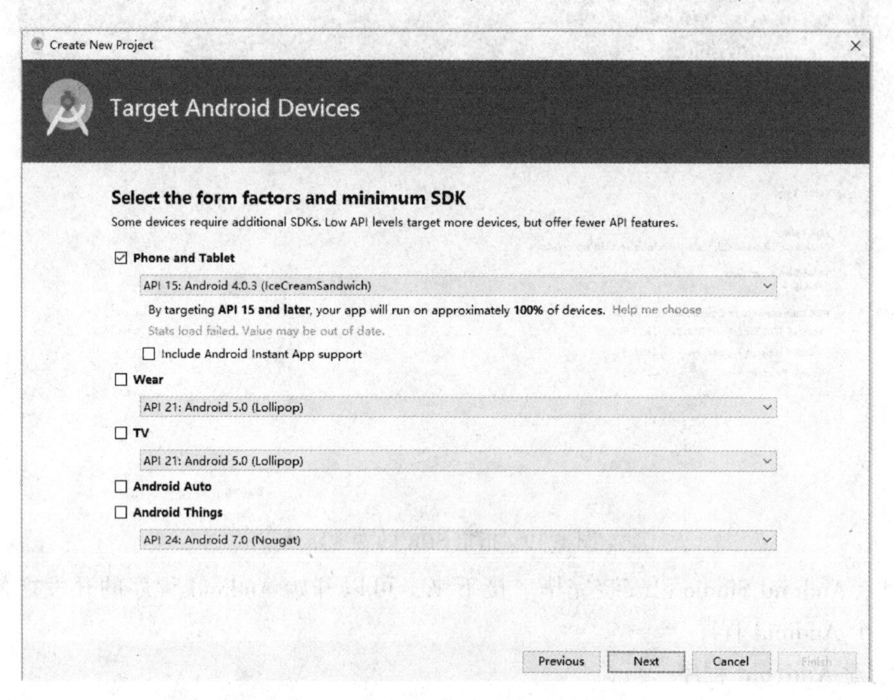

图 1.21　选择目标设备及默认的 API 版本

进入下一个窗体创建一个新的 Activity。(如图 1.22 所示)。这里，Android Studio 提供了多种界面供选择。因此，选择"Empty Activity"，点击"Next"按钮。

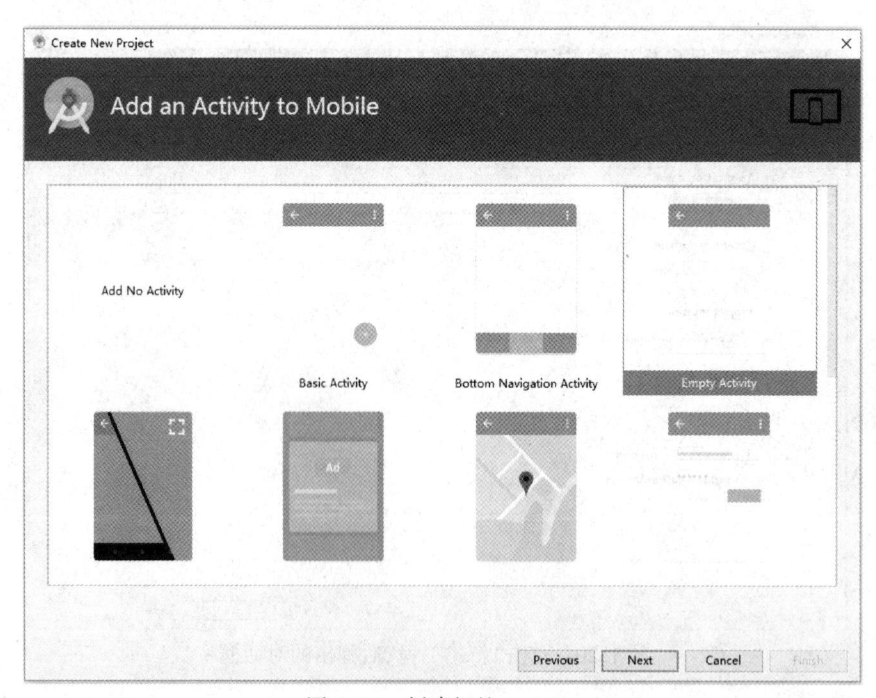

图 1.22　创建新的 Activity

进入下一个窗体用来设置活动页 Activity 和布局名称(如图 1.23 所示)。Activity 名称使用默认为 MainActivity，布局名称默认为 activity_ main。这两个名称，读者都可以自己命名，接下来点击“Finish”按钮，完成项目文件的创建。

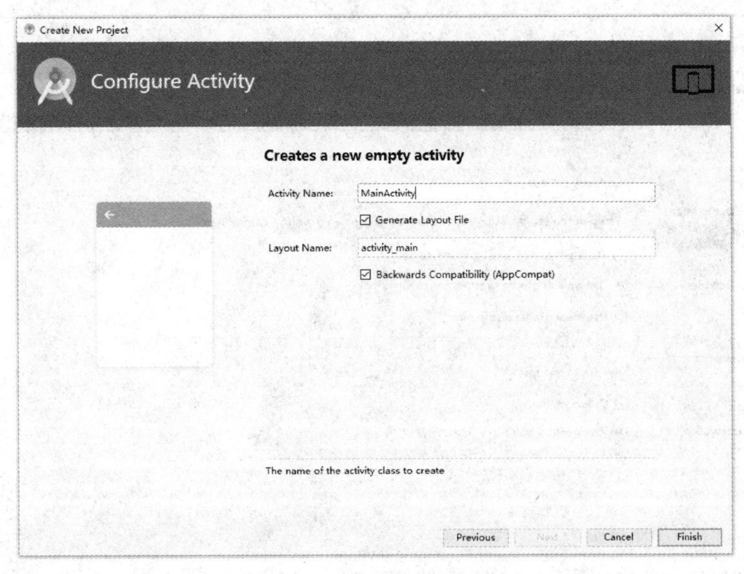

图 1.23　设置活动页 Activity 和布局名称的窗体

项目环境的初始化过程中可能出现的情况：

(1) 项目文件创建完成后，进入项目环境的初始化。在初始化的过程中，如果 Android Studio 找不到 JDK 的安装目录，那么窗口的右上角会提示“Invalid Project JDK，Please choose a valid JDK directory”。可单击“Open JDK Settings”进入设置，找到 JDK 的安装目录(JDK 要求 1.8 以上的版本)，然后点击“确定”按钮。

(2) 出现 gradle 失败。其实在安装 Android Studio 时，默认会安装 gradle，但由于网络原因，可能会下载不成功，导致 gradle 失败，环境也会有相应的提示(如图 1.24 所示)。

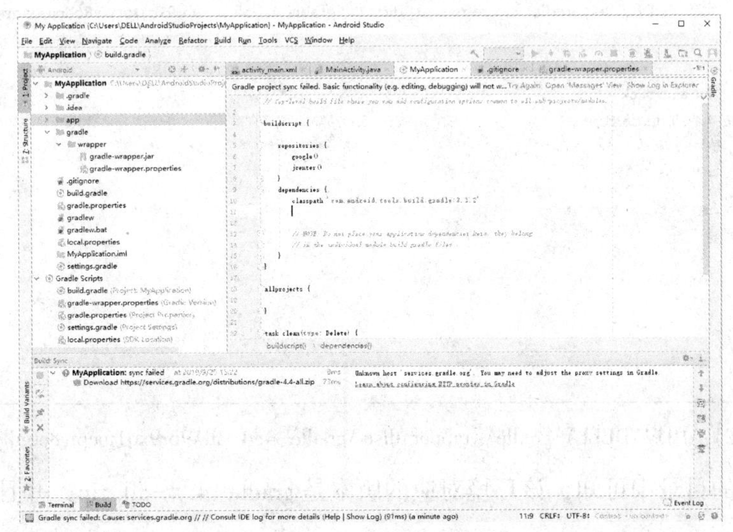

图 1.24　Gradle 失败窗体

环境提示要下载 gradle-4. 4-all. zip 包，点击左下角窗口的 download 进行下载。如果没有提示下载版本的 gradle 包，就要查看环境本身的 gradle 版本。从菜单栏 File→Settings→Build，Execution，Deployment→Gradle，打开的窗体如图 1. 25 所示。

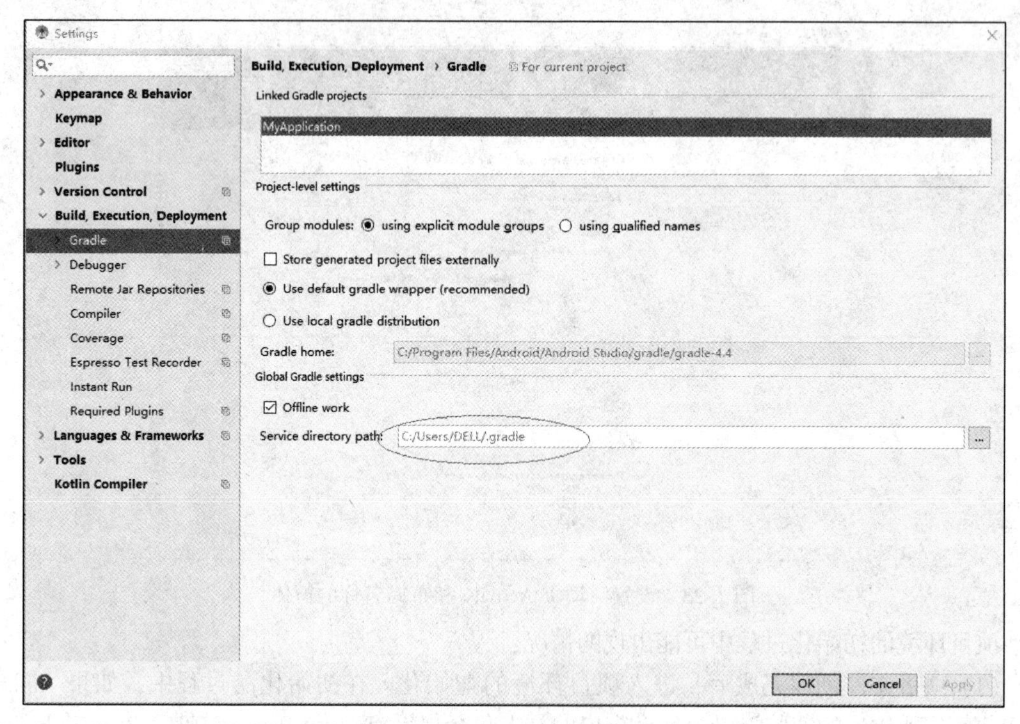

图 1. 25　查看环境本身的 gradle 版本窗体

根据图 1. 25 中圈起的路径，找到 . gradle 目录后，继续进入它的下一层目录，直到目录"（C）:\用户\DELL\. gradle\wrapper\dists\gradle-4. 4-all\9br9xq1tocpiv8o6njlyu5op1"，如图 1. 26所示。

本地磁盘 (C:) › 用户 › DELL › .gradle › wrapper › dists › gradle-4.4-all › 9br9xq1tocpiv8o6njlyu5op1

名称	修改日期	类型	大小
gradle-4.4-all.zip.lck	2019/9/25 12:46	LCK 文件	0 KB
gradle-4.4-all.zip.part	2019/9/25 15:22	PART 文件	0 KB

图 1. 26　"（C）:\用户\DELL\. gradle\wrapper\dists\gradle-4. 4-all\9br9xq1tocpiv8o6njlyu5op1"目录

从图 1. 26 的目录中可知，该环境对应的版本是 gradle-4. 4-all. zip，并且发现没有下载成功。

接下来下载对应的 gradle 版本，并将下载的 gradle 包放到“C:\Users\DELL\.gradle\wrapper\dists\gradle-4.4-all\9br9xq1tocpiv8o6njlyu5op1”目录下，无须解压。然后点击工具栏的构建工具(如图 1.27 所示)，对项目重新构建。

图 1.27　工具栏上的构建工具

至此，第一个 Android 项目创建完成。进入 Android 的项目开发界面，如图 1.28 所示。

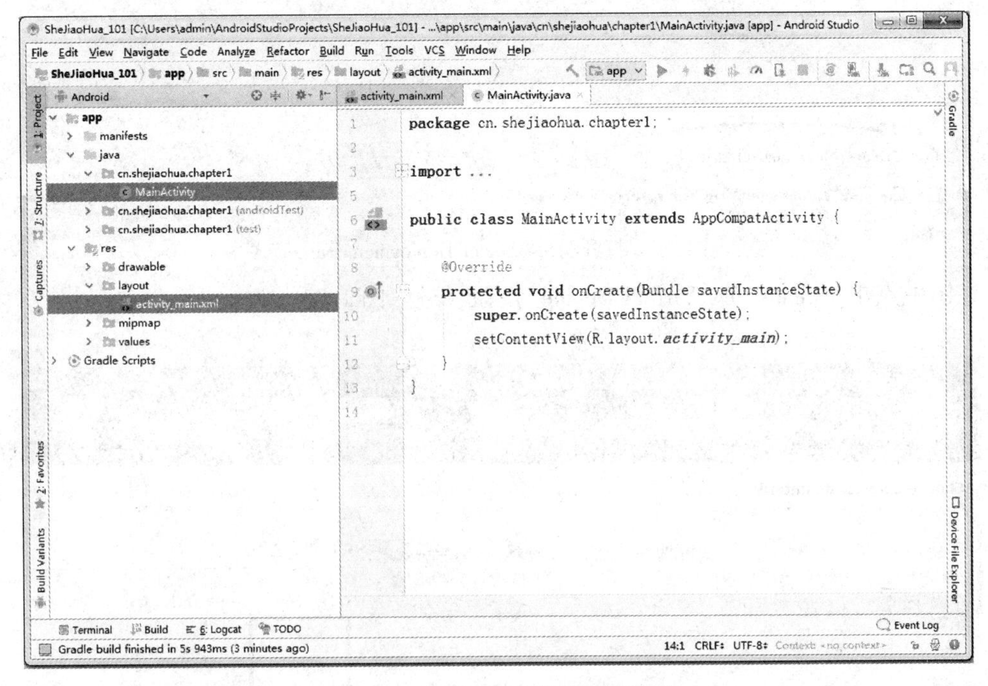

图 1.28　Android 的项目开发界面

图 1.28 中两个选中的文件，一个是 MainActivity 文件，另一个是 activity_ main.xml 文件。MainActivity 是实现逻辑控制的页面，activity_ main.xml 是进行界面布局的页面，这两个文件共同组成了一个 Android 应用程序。

运行 Android 项目，运行方式可以选择真机，也可以选择第三方模拟器。这里主要演示模拟器的创建和连接测试。

① 在用模拟器运行项目之前，须先创建一个 Android 虚拟设备(AVD，Android Visual Device)，具体步骤如下：

先点击三角形图标，如图 1.29 所示。

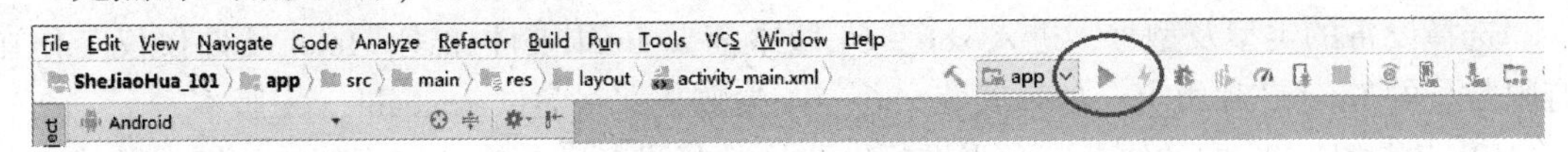

图 1.29　点击三角形图标

打开窗体“Select Deployment Target”，如图 1.30 所示。

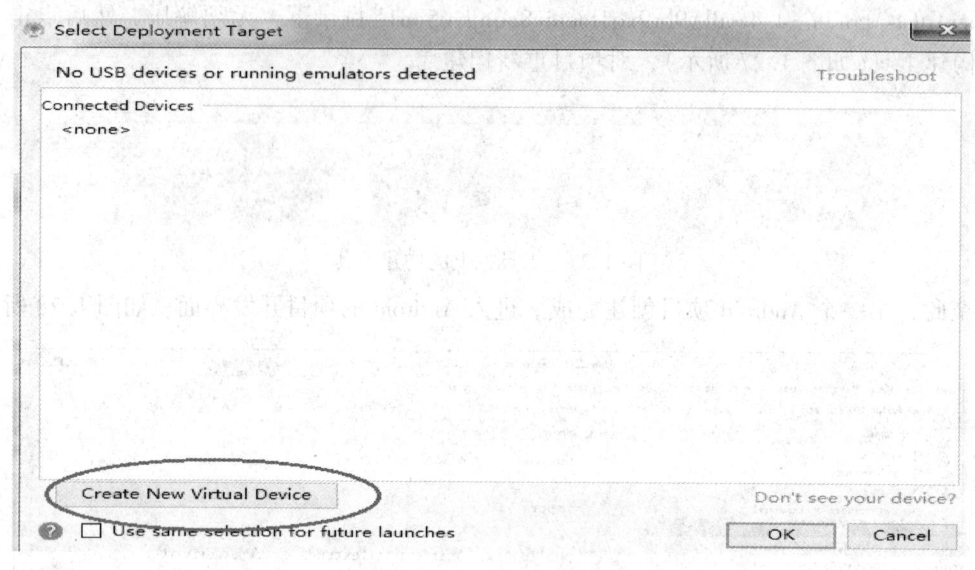

图 1.30　打开窗体“Select Deployment Target”

在图中点击“Create New Virtual Device”按钮，进入图 1.31。

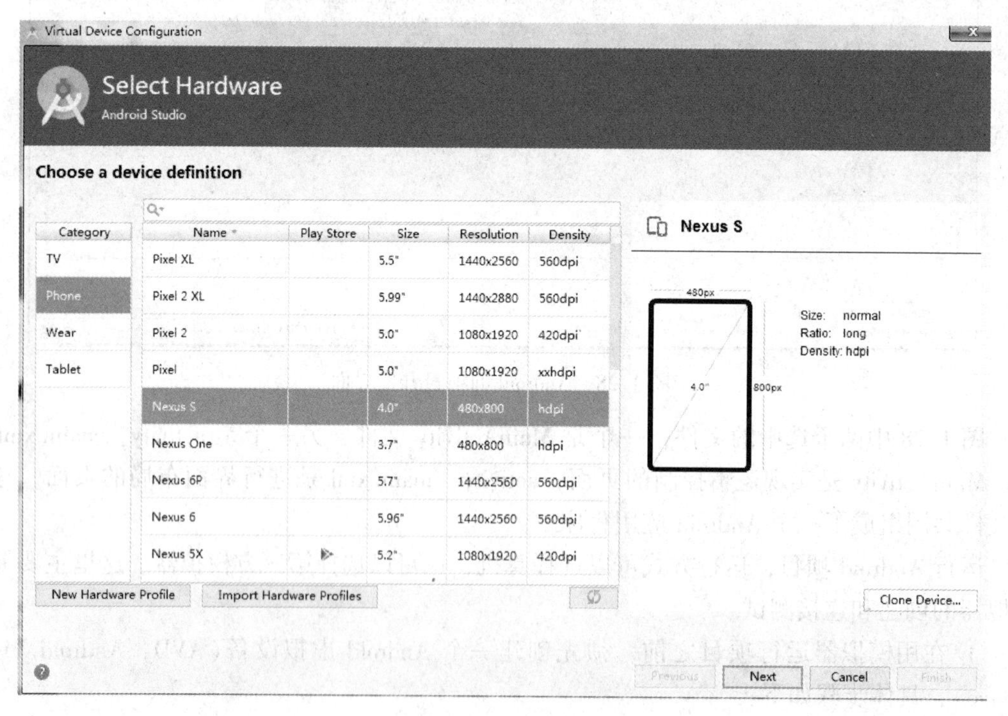

图 1.31

选择设备的类型及型号，进入 x86_ 64 版本需要 Intel 硬件加速。Intel 硬件仅仅工作在有限数量的 Intel 芯片组上。如果安装 x86_ 64 失败，那么尝试 armeabi-vxx 版本。

② 点击图 1.29 中的绿色三角形图标，进入选择设备的的窗体，刚创建的模拟器就在窗

体的列表中，点击“OK”(如图1.32所示)模拟器的屏幕显示文字“Hello World!”。

至此，Hello World的工程项目便创建好了。下面将熟悉Android Studio下应用程序的结构。

5. Android应用程序结构

Android应用程序结构如图1.33所示。

在图1.33中，从上至下主要的目录如下：

图1.32　屏幕显示文字“Hello World!”

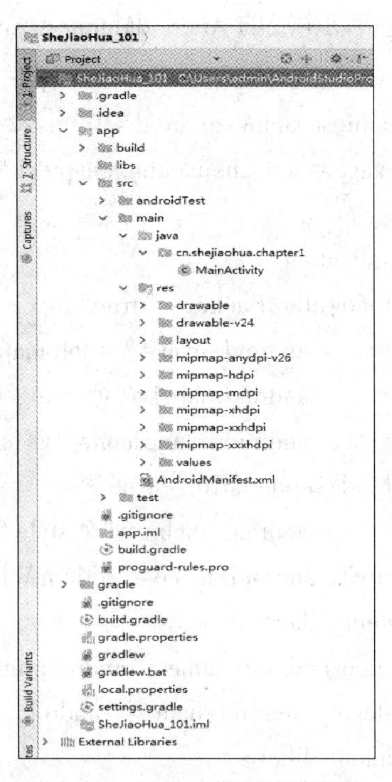

图1.33　Android应用程序结构

(1) idea与.gradle：这两个目录下放置的都是Android Studio自动生成的一些文件，我们无须关心，也不要去手动编辑。

(2) build：Android studio项目的编译目录，主要包含一些在编译时自动生成的文件，这个目录不需要我们过多关心。

(3) libs：该目录用来存放一些应用的第三方jar包。

(4) src：该目录存入程序的Java源代码文件。MainActivity.java位于src->main->java目录下。

(5) res：该目录用来存入资源文件，如图片、视频、布局文件等。

① res/drawable-hdpi：保存高分辨率图片资源，可以使用Resources.getDrawable(id)获得资源类型。

② res/drawable-ldpi：保存低分辨率图片资源，可以使用Resources.getDrawable(id)获得资源类型。

③ res/drawable-mdpi：保存中等分辨率图片资源，可以使用Resources.getDrawable(id)获得资源类型。

④ res/layout：存放所有的布局文件，主要用于排列不同的显示组件，在 Android 程序中要读取此配置。

⑤ res/values：存放一些资源文件的信息，用于读取文本资源。

（6）AndroidManifest. xml：该文件是每个应用程序都需要的系统配置文件。Android 程序中的四大组件 Activities、ContentProviders、Services 和 Intent Receivers 都需要在该配置文件中注册。除此之外，该文件还能指定 permissions 权限。

系统自动生成的 AndroidManifest. xml 文件的代码如下：

```
<? xml version="1.0" encoding="utf-8"? >
    <manifest xmlns:android="http://schemas. android. com/apk/res/android"
    package="cn. shejiaohua. chapter1">

    <application
    android:allowBackup="true"
            android:icon="@ mipmap/ic_launcher"
            android:label="@ string/app_name"
            android:roundIcon="@ mipmap/ic_launcher_round"
    android:supportsRtl="true"
            android:theme="@ style/AppTheme">
    <activity android:name=". MainActivity">
    <intent-filter>
    <action android:name="android. intent. action. MAIN" />
    <category android:name="android. intent. category. LAUNCHER" />
    </intent-filter>
    </activity>
    </application>
    </manifest>
```

文件中的标签：

<manifest>元素：首先，所有的 xml 都必须包含<manifest>元素，这是文件的根节点。其次，它必须要包含<application>元素，并且指明 xmlns：android 和 package 属性。

<application>元素：一个 AndroidManifest. xml 中必须含有一个 Application 标签，这个标签声明了每一个应用程序的组件及其属性（如 icon、label、permission 等）。其中，android：icon 设置应用程序图标，图片一般都放在 drawable 文件夹下；android：label 设置应用程序名称。

<activity>元素：每一个 activity 文件在 AndroidManifest. xml 中必须有一个<activity>标记对应，如果没有对应的标记，那么文件将运行不了。

（7）gradle：这个目录下包含了 gradle wrapper 的配置文件。使用 gradle wrapper 时，无须提前将 gradle 下载好，而是自动根据本地的缓存情况决定是否需要联网下载 gradle。在默认情况下，Android Studio 没有启用 gradle wrapper 的方式，如果需要打开，可以点击

Android Studio导航栏→File→Settings→Build Execution，Deployment→Gradle，进行配置更改。

（8）gitignore：这个文件是用来将指定的目录或文件排除在版本控制之外的。

（9）build. gradle：这个文件是 Android 项目全局的构建脚本，通常文件中的内容是不需要修改的。

（10）gradle. properties：这个文件是全局的 gradle 配置文件，在这里配置的属性将会影响到项目中所有的 gradle 编译脚本。

（11）gradlew 和 gradlew. bat：这两个文件用来在命令行界面中执行 gradle 命令的，其中 gradlew 是在 Linux 或 Mac 系统中使用的，gradlew. bat 是在 Windows 系统中使用的。

（12）local. properties：这个文件用于指定本机中的 Android SDK 路径，通常内容都是自动生成的，无需修改。除非本机中的 Android SDK 位置发生了变化，才需要将这个文件中的路径改成新的位置。

（13）External Libraries：显示项目所依赖的类库。

三、任务实施

编写 Android 应用程序，在模拟器中显示一张图片文件。

（1）打开 Android　Studio 开发环境，点击菜单 File->New->New Project，打开标题为“Create New Project”的窗体，输入项目名，选择项目存放的路径，设置包名，然后继续点击“Next”，直到出现窗体“Creates a new empty activity”，输入 Activity Name 和 Layout Name。这里笔者输入的 Activity Name 为 ImageActivity，LayoutName 为 activity_image，点击“Finish”，完成项目的创建，如图 1. 34 所示。

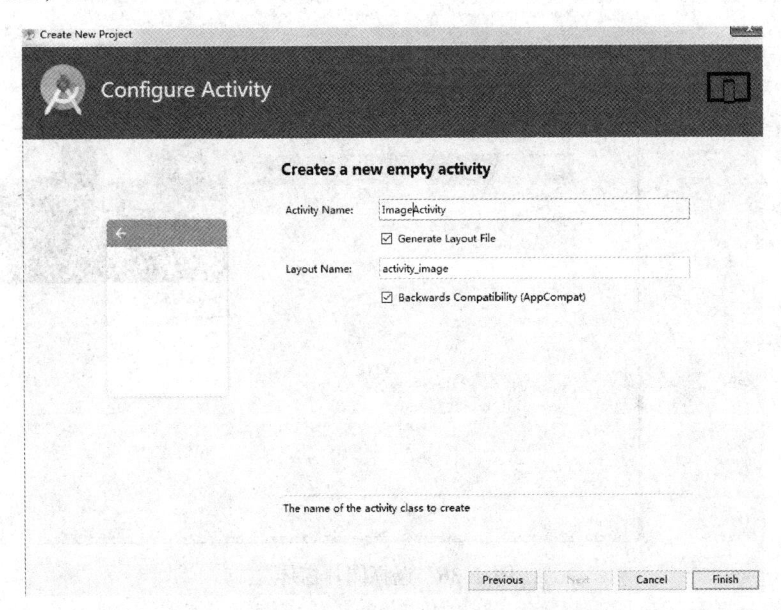

图 1. 34　Creates a new empty activity 窗体

（2）把准备好的图片 pic. png 复制到资源目录 res/drawable 中，如图 1. 35 所示。

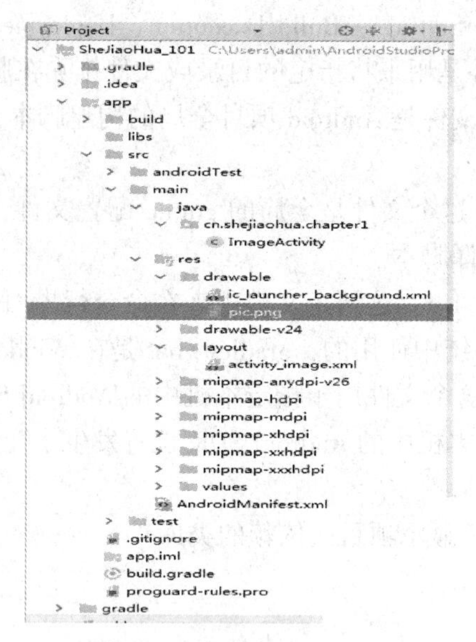

图 1.35 复制图片 pic. png 窗体

（3）打开布局文件 activity_image，位于 res/layout 下，往文件中拉入图片框 ImageView，会出现选择图片的窗体，如图 1.36 所示。

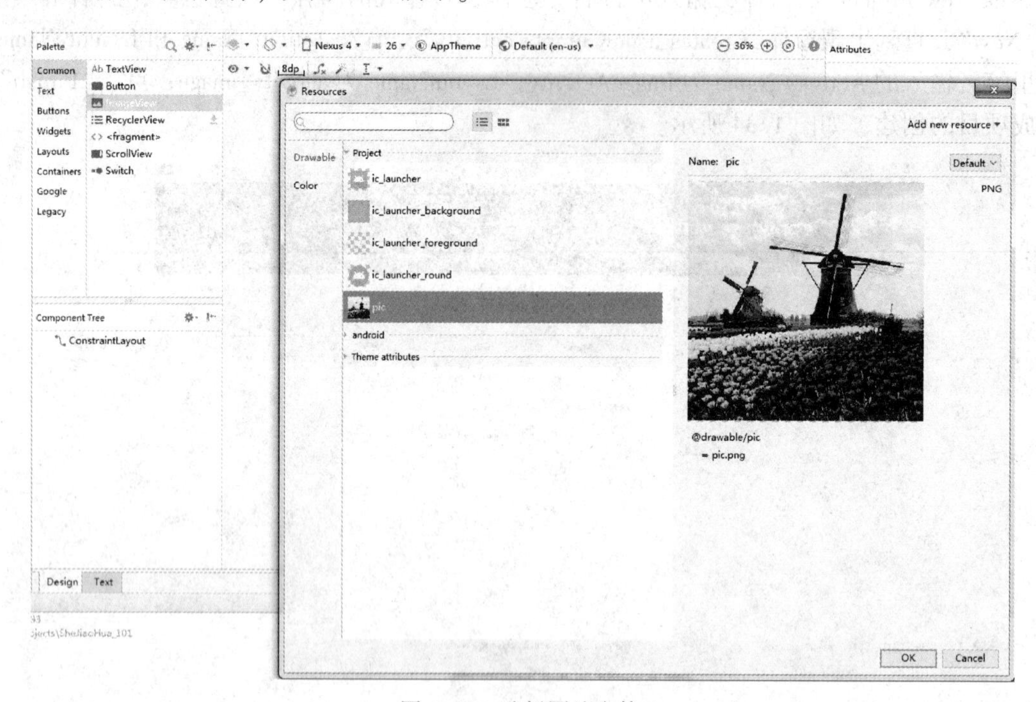

图 1.36 选择图片窗体

选择要显示到图片框的图片 pic，点击按钮“ok”，图片显示在布局文件上。如果图片太大，可以通过右侧的属性窗口进行修改，修改图片宽度 layout_width 和图片高度 layout_height 的值，单位为 dp，如图 1.37 所示。

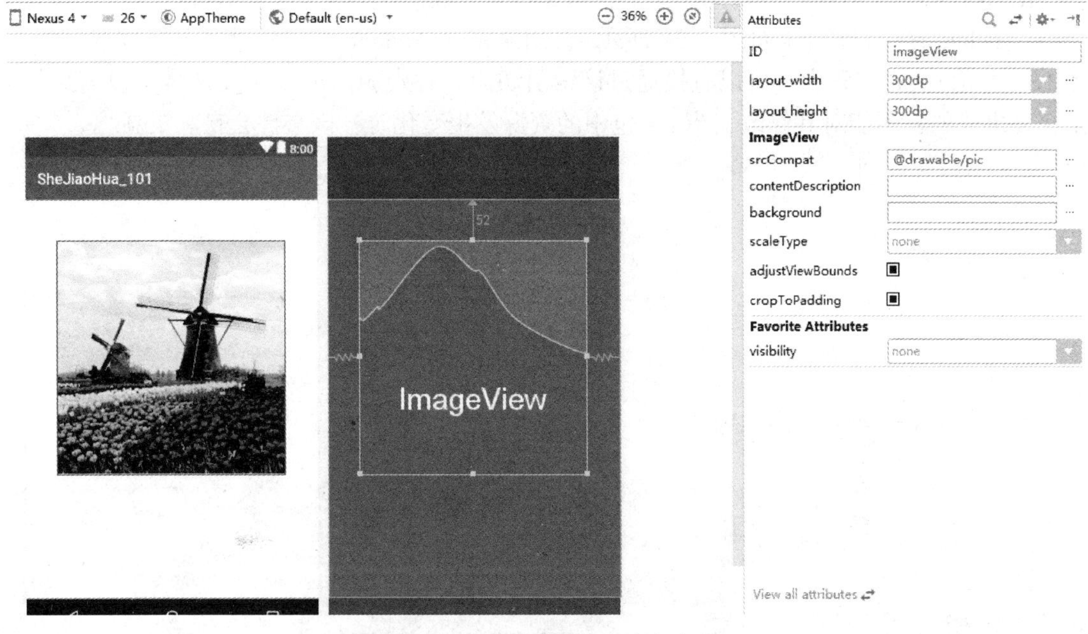

图 1.37　修改图片的宽度和高度

（4）打开源代码目录 src 中的 ImageActivity. java 文件，代码如下所示：

```
package cn. shejiaohua. chapter1;//1
    import android. support. v7. app. AppCompatActivity; //2
    import android. os. Bundle;//3
    public classImageActivityextends AppCompatActivity { //4
        @ Override
    protected void onCreate( Bundle savedInstanceState) {//5
    super. onCreate( savedInstanceState) ; //6
    setContentView( R. layout. activity_image) ;//7
        }//8
    }
```

程序中用注释//表明第几行，方便进行说明。

① 第 1 行是包声明，通常位于程序中的第一行，这是在创建 Android 应用程序时指定的。

② 第 2、3 行是导入程序所需的包。

③ 第 4 行定义了一个类，类名叫 MainActivity。extends AppCompatActivity 表示当前类继承了一个叫 AppCompatActivity 的父类。该知识点会在第二章进行详细讲解。

④ 第 5 ~ 8 行是重写父类的方法 onCreate( )。一个 activity 启动调用的第一个方法就是 onCreate( )，它主要做这个 activity 启动时一些必要的初始化工作。

⑤ 第 7 行 setContentView( ) 用来设置 Activity 对应的视图。这里通过 R. layout. activity_image 这样的方式来调用资源。接下来对 R 文件进行介绍。

R. java 文件是 ADT 系统自动产生的，该文件位于 app-->build-->generated-->source-->r-->debug 这个路径下(如图 1.38 所示)，用来定义 Android 程序中所有资源的索引(如图 1.39所示)。在编程中，可以直接通过该索引访问各种资源。R. java 文件是个只读文件，是自动生成的，不能对其修改，当 res 包中的资源发生变化时，该文件会自动更新。

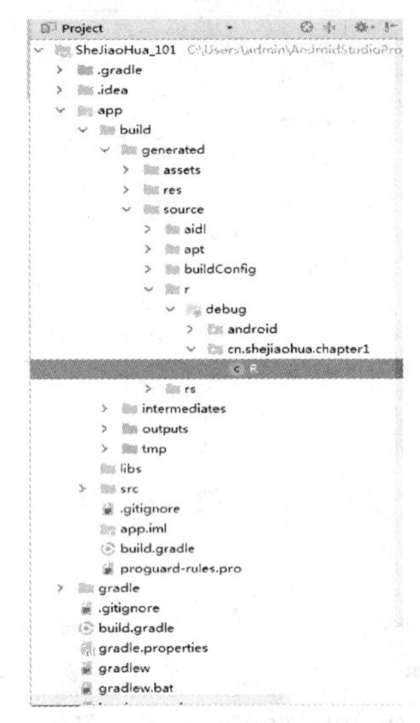

图 1.38　R 文件的位置路径

```
public final class R {
  public static final class anim {
    public static final int abc_fade_in=0x7f010000;
    public static final int abc_fade_out=0x7f010001;
    public static final int abc_grow_fade_in_from_bottom=0x7f010002;
    public static final int abc_popup_enter=0x7f010003;
    public static final int abc_popup_exit=0x7f010004;
    public static final int abc_shrink_fade_out_from_bottom=0x7f010005;
    public static final int abc_slide_in_bottom=0x7f010006;
    public static final int abc_slide_in_top=0x7f010007;
    public static final int abc_slide_out_bottom=0x7f010008;
    public static final int abc_slide_out_top=0x7f010009;
    public static final int tooltip_enter=0x7f01000a;
    public static final int tooltip_exit=0x7f01000b;
  }
```

图 1.39　资源的索引

在程序中引用资源需要用到 R 类，格式如下：R. 资源文件类型 . 资源名称。

(5) 运行项目，在模拟器中运行的效果如图 1.40 所示。

图 1.40　Android 应用程序的运行效果图

本章小结

本章介绍了 Android 的发展史及 Andorid 发布以来的重要的版本，接着又介绍了 Android 平台架构，最后介绍了 Android Studio 工具的安装步骤以及如何通过模拟器运行 Android 应用程序。学习完本章内容后，同学们应能自主成功搭建好 Android 开发环境。创建 Android 应用程序、通过模拟器运行项目是本章的重点。

习　　题

(1) 简述创建 Android 应用程序需要具备的开发环境。
(2) 描述 Android 平台体系结构的层次划分，并说明各个层次的作用。
(3) 简述 R. java 和 AndroidManefiest. xml 文件的用途。
(4) 编写 Android 应用程序，在模拟器中显示“这是我第一个 Android 应用程序!”。

第二章　Android 程序设计基础

知识点

（1）Android 语法基础：包括 Android 系统的数据类型、常量与变量及变量赋值。

（2）基本数据类型：包括整数类型、浮点类型、字符型、布尔型及数据类型的转换。

（3）程序控制语句：包括顺序控制语句、if 选择语句、switch 语句、循环语句及跳转语句。

（4）类与对象：包括类的定义、对象的创建、构造方法、继承及接口。

能力点

（1）熟练掌握基本数据类型的运用及程序控制语句的使用。

（2）熟练掌握类的定义和对象的创建。

（3）理解继承、接口。

任务描述

运用面向对象的编程思想，开发移动开发老师类。移动开发老师专门负责教授移动开发课程，要求该类中包含如下内容：属性（老师的姓名、所在教研室、职称）；方法（个人信息、教学）。运用面向对象的编程思想，开发数据库老师类。数据库老师专门负责教授数据库课程，要求该类中包含如下内容：属性（老师的姓名、所在教研室、职称）；方法（个人信息、教学）。

任务一　基础知识一

一、任务分析

“任务描述”中的任务需要涉及的知识点有变量、逻辑控制语句及字符串的常用方法。接下来我们一一介绍这些知识点。

二、相关知识

1. 变量的声明和赋值

变量：内存中的一个存储区域，变量的定义就是给每一个变量名定义一个内存区域。

语法：数据类型　变量名　=　数值。

（1）数据类型。数据类型分为数值型和非数值型。数值型又分为整型和非整型。整型包括 int、short、long，非整型包括 double、float。非数值型包括 char、String、Boolean。

（2）变量命名。变量命名要符合一定规则。首字母只能是字母或下划线'_'或'$'符号，其余部分可包含数字、字母、下划线'_'或'$'符号，如 $str_123 是合法的变量名。

（3）赋值。赋值操作符"="，它表达的意思是取右边的值，把它赋给左边。

下面，通过一个例子——设计布局文件，来体验一下，如图 2.1 所示。

图 2.1　设计布局文件

编写控件文件 MainActivity，实现点击按钮"show"，通过消息框显示相应信息。具体代码如下所示：

```
public classTestActivity extends AppCompatActivity {
    Button btn;
    @ Override
    protected void onCreate( Bundle savedInstanceState) {
    super. onCreate( savedInstanceState) ;
            setContentView( R. layout. activity_test) ;
    btn = (Button) findViewById( R. id. btn_test) ; //控件建立关联
    btn. setOnClickListener( new View. OnClickListener( ) {
    @ Override
```

```
public void onClick(View v) {
    String name="张三";
    int age=18;
    char sex='男';
    double score=85.5;
    Toast.makeText(TestActivity.this,
    "信息:"+name+","+age+","+sex+","+score,
                                    Toast.LENGTH_SHORT).show();
            }
        });
    }
}
```

Android 使用 Toast 来显示提示消息。该提示消息以浮于应用程序之上的形式显示在屏幕上，显示时间较短。Toast 类的常用方法如下所示：

（1）makeText(Context context, CharSequence text, int duration) 以特定时常显示文本，第一个参数表示当前上下文，第二个参数 text 为显示的文本，第三个参数 duration 为显示时间。显示的时间较长则取值 Toast.LENGTH_LONG，显示的时间较短则取值 Toast.LENGTH_ SHORT。

（2）show() 显示提示消息。

例：Toast.makeText（this, "您已登录成功", Toast.LENGTH_ SHORT).show();

显示一个显示时间较短的消息提示框，提示"您已登录成功"。

运行后的效果如图 2.2 所示。

图 2.2 运行 Toast 后的显示效果

2. 常见运算符

1）赋值运算符

赋值运算符"="，它表达的意思是取右边的值，把它赋给左边。

语法：变量名=表达式。

表达式就是运算符(如加号、减号)与操作数(如 x、2 等)的组合，如 z=(x+2)-(y-3)。

2）算术运算符

在 android 程序中，基本的算术运算包括+、-、*、/、%。

需要注意以下几点：

① 加法运算符在连接字符串时要注意：当与字符串相加时，整个表达式都会转成字符串，如 String str="test"+2+3，结果为 test23。

② 对于除法"/"，当两边为整数时，取整数部分，舍余数。当其中一边为浮点型时，

按正常规则相除。

③“%”为整除取余符号，表达式结果符号与被取余符号相同。

3）关系运算符

关系运算符用于比较两个数值之间的大小，其运算结果为一个逻辑类型（boolean 布尔类型）的数值。

常用的关系运算符有以下这些：大于(>)，小于(<)；等于(==)，不等于(！=)；大于等于(>=)，小于等于(<=)。

如：小明每次考试成绩>= 90 分(真)；鸡蛋的大小 == 地球的大小(假)。

由此可以看出比较后结果：boolean 类型。

例如：boolean flag=5>4；//结果 flag 的值为 true。

4）逻辑运算符

逻辑运算符一般用于连接 boolean 类型的表达式或者值。常用的符号如表 2.1 所示。

表 2.1　用于连接 boolean 类型的常用符号

运算符	表达式	说明
&&	条件 1 && 条件 2	仅仅两个条件同时为真，结果为真
||	条件 1 || 条件 2	只要两个条件有一个为真，结果为真
!	！条件	条件为真时，结果为假；条件为假时，结果为真

逻辑运算符的优先级为!，运算级别最高；&& 运算高于 || 运算。

例如：int javaScore=90，htmlScore=89；

boolean flag=(javaScore==100)||(htmlScore>80)；//flag 的结果为 true。

javaScore==100 的结果为假，而 htmlScore>80 的结果为真。使用运算符||，只要有一个条件为真，结果为真，所以 flag 的值为 true。

3. if 条件结构

if 条件结构是根据条件判断之后再做处理。if 条件语句分为三种语法格式。

（1）基本的 if 条件结构。

① 语法。

```
if (条件) {
        //语句
    }
```

② 流程图（如图 2.3 所示）。

if 条件结构的括号中的条件是个关系表达式，值为真或假。当条件结果为真时，则进入语句块执行；条件结果为假，则不进入语句块执行。

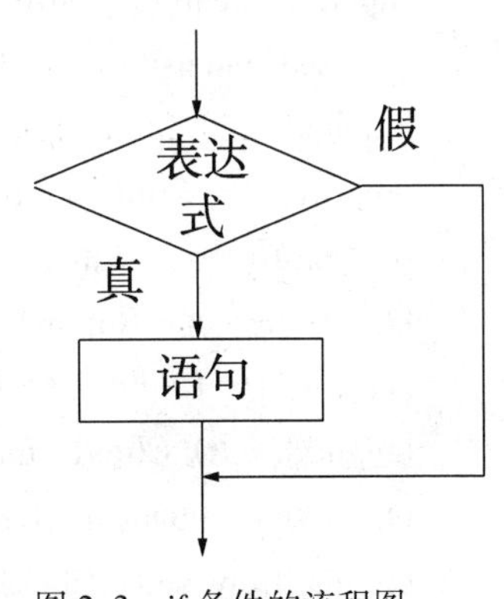

图 2.3　if 条件的流程图

下面通过实现对数值 5 和 3 的加减乘除操作这样一个例子来体验一下。设计布局文件。如图 2.4 所示。

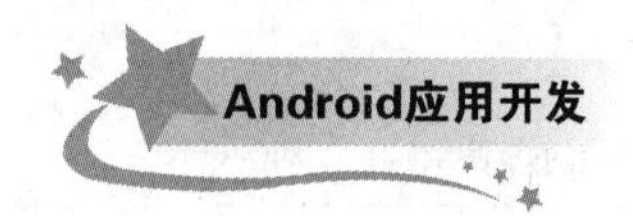

图 2.4　设计 if 条件布局文件

编写控件文件 MainActivity，实现对数值 5 和 3 的加减乘除操作。具体代码如下所示：

```
public classTestActivity extends AppCompatActivity implements View. OnClickListener {
    Button btn_add,btn_subtract,btn_multiply,btn_divide;
    EditText edt_result;
    @ Override
    protected void onCreate( Bundle savedInstanceState) {
    super. onCreate( savedInstanceState) ;
        setContentView( R. layout. activity_test) ;
    btn_add= (Button) findViewById( R. id. btn_add) ;
    btn_divide= (Button) findViewById( R. id. btn_divide) ;
    btn_multiply= (Button) findViewById( R. id. btn_multiply) ;
    btn_subtract= (Button) findViewById( R. id. btn_subtract) ;
    edt_result= (EditText) findViewById( R. id. edt_result) ; //给四个按钮添加监听器
    btn_add. setOnClickListener( this) ;
    btn_divide. setOnClickListener( this) ;
    btn_multiply. setOnClickListener( this) ;
    btn_subtract. setOnClickListener( this) ;
```

```
}
    @ Override
    public void onClick(View v) {
    //获取文本框的值
    int num1=5,num2=3;
    int result=0;
    if(v==btn_add){ //判断触发的按钮是否是 btn_add
    result=num1+num2;
        }
    if(v==btn_divide){ //判断触发的按钮是否是 btn_divide
    result=num1-num2;
            }
    if(v==btn_multiply){ //判断触发的按钮是否是 btn_multiply
    result=num1 * num2;
        }
    if(v==btn_subtract){ //判断触发的按钮是否是 btn_subtract
    result=num1/num2;
            }
    edt_result. setText(result+"");
        }
    }
```

(2) if…else 语句。

① 语法。

```
if (条件) {
        //语句 1
} else {
        //语句 2
}
```

② 流程图(如图 2.5 所示)。

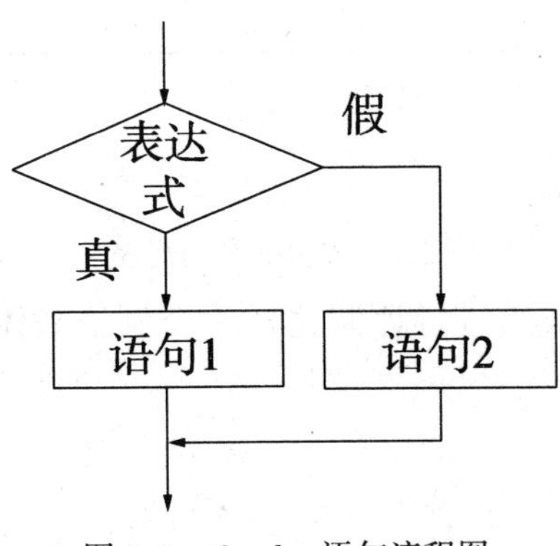

图 2.5　if…else 语句流程图

if…else 语句中的条件是个关系表达式，值为真或假。当条件结果为真时，则进入语句1执行；条件结果为假，则执行语句2的内容。

(3) 多重 if 结构。

① 语法。

```
if (条件) {
        //语句
}
else if ( 条件) {
      //语句
}
else {
      //语句
}
```

其中 `else if ( 条件) { //语句 }` 可以有多个，而 `else { //语句 }` 可以省略。

② 流程图(如图 2.6 所示)。

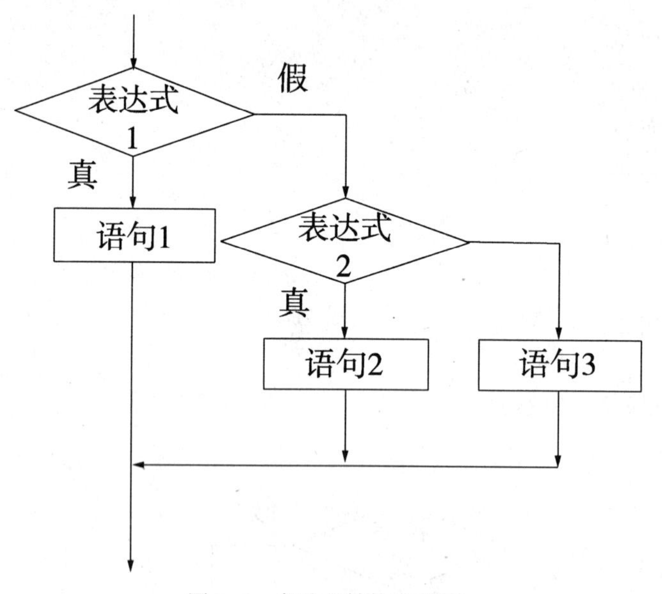

图 2.6　多重 if 结构流程图

下面通过实现对学生的成绩进行评测这样一个例子来体验一下。设计布局文件，如图 2.7所示。

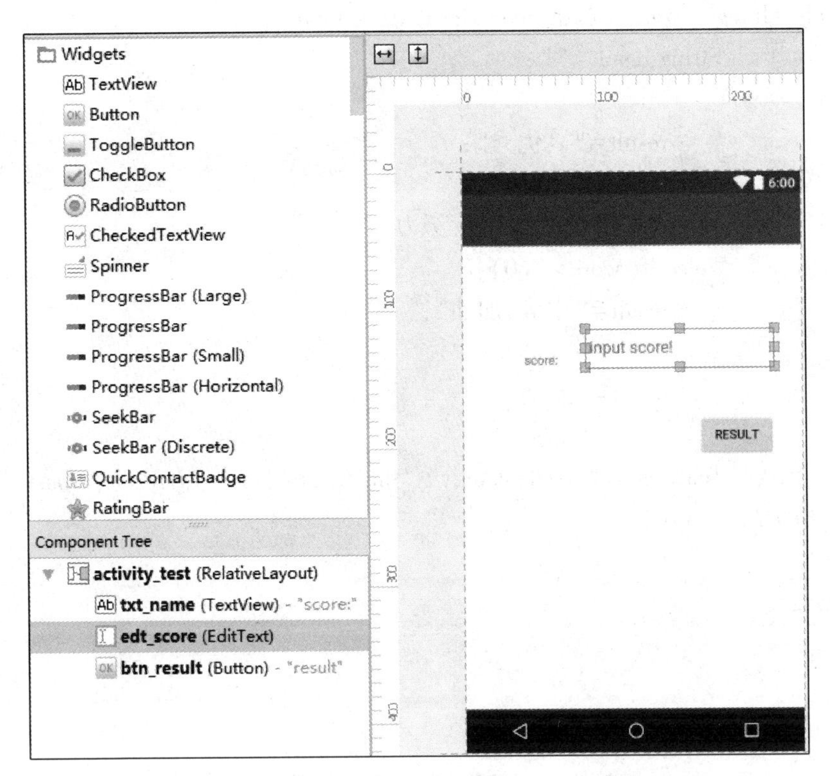

图 2.7　设计多重 if 结构布局文件

编写控件文件 MainActivity，实现

成绩>=90：优秀

成绩>=80：良好

成绩>=60：中等

成绩<60：差

具体代码如下所示：

```
public classTestActivity extends AppCompatActivity {
    EditText edt_score;
    Button btn_result;
    @ Override
    protected void onCreate( Bundle savedInstanceState) {
    super. onCreate( savedInstanceState) ;
        setContentView( R. layout. activity_test) ;
    edt_score= (EditText) findViewById( R. id. edt_score) ;
    btn_result= (Button) findViewById( R. id. btn_result) ;
    btn_result. setOnClickListener( new View. OnClickListener( ) {
    @ Override
    public void onClick( View v) {
```

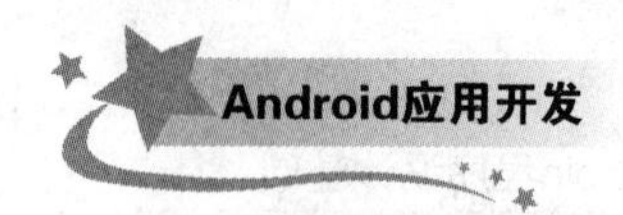


```
    int score=Integer.parseInt(edt_score.getText().toString());
                String result="";
    if(score>=90){
                    result="真优秀";
                }else if(score>=80){
                    result="良好,继续努力";
                }else if(score>=60){
                    result="中等,加油";
                }else{
                    result="差";
                }
                Toast.makeText(TestActivity.this,"评测结果:"+result,Toast.
LENGTH_SHORT).show();
            }
        });
    }
    }
```

运行后的结果，如图 2.8 所示。

score:
85
RESULT
评测结果：良好,继续努力

图 2.8　运行多重 if 结构后的结果

4. switch 结构

switch 语句是由一个控制表达式和 case 标签组成的。和 if 语句不同的是，switch 语句后面控制表达式的数据类型只能是整型或字符型，case 标签后面紧跟一个代码块。

switch 的语法如下：

```
switch（表达式）
{
        case 常量 1：
语句；
break；
        case 常量 2：
语句；
break；
default：
语句；
}
```

括号中的表达式的值必须是整型或字符型，语句块中可以有多个 case，case 后面的常量必须各不相同，只能有一个 default，也可以省略不写。

计算表达式的值，如果值等于常量 1，则执行常量 1 后面的语句，执行完语句，程序遇到 break 会跳出 switch 语句块；如果值等于常量 2，则执行常量 2 后面的语句；如果没有找到匹配的值，则执行 default 后面的语句。

```
intscore = 10;
String result = "";
switch (score){
case 10:
    result = "一等奖";
break;
case 9:
    result = "二等奖";
break;
case 8:
    result = "三等奖";
break;
default:
    result = "鼓励奖";
}
Toast.makeText(TestActivity.this, "获奖结果:"+result, Toast.LENGTH_SHORT).show();
```

程序进入 case 10 后面的语句执行 result = "一等奖"；执行完遇到 break，程序跳出 switch 语句块。

5. 比较 switch 和多重 if 结构

相同点：都可以实现多分支结构。

不同点：switch 只能处理等值的条件判断，且条件是整型变量或字符变量的等值判断；多重 if 处理在 else 部分还包含其他 if 结构，特别适合某个变量处于某个区间时的情况。

6. 循环

循环是程序设计语言中反复执行某些代码的一种计算机处理过程。

常见的循环结构有以下 3 种。

(1) while 循环。

① 语法：

while（循环条件）{

循环操作

}

② 流程图(如图 2.9 所示)。

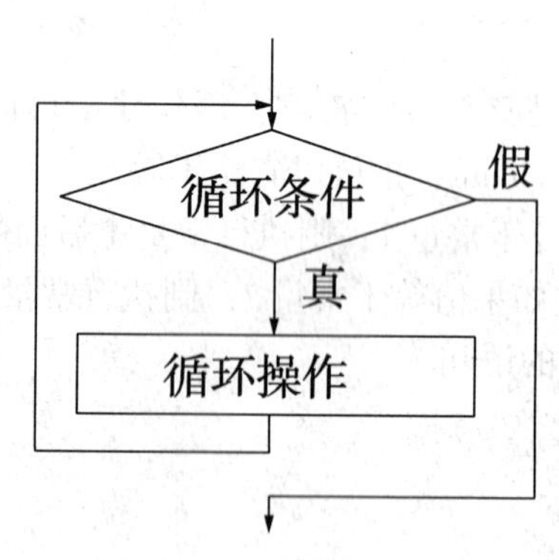

图 2.9 while 循环流程图

While 循环的特点是先判断，再执行。符合条件，循环继续执行；否则，循环退出。

下面通过“点击按钮，显示 1 到 100 的总和”这样一个例子来体验一下。首先设计布局文件，添加按钮，接着编写控件文件 MainActivity。MainActivity 的具体代码如下所示：

```
public classTestActivity extends AppCompatActivity {
    Button btn_result;
    @ Override
    protected void onCreate( Bundle savedInstanceState) {
    super. onCreate( savedInstanceState) ;
        setContentView( R. layout. activity_test) ;
    btn_result= (Button) findViewById( R. id. btn_result) ;
    btn_result. setOnClickListener( new View. OnClickListener( ) {
    @ Override
    public void onClick( View v) {
    int i=1,sum=0;
```

```
        while(i<=100){
                    sum=sum+1;
                    i++;
                }
                Toast.makeText(TestActivity.this,"总和:"+sum,Toast.LENGTH_
SHORT).show();
            }
        });
    }
    }
```

运行后的结果，如图 2. 10 所示。

图 2. 10　运行 while 循环后的结果

（2）do-while 循环。

① 语法。

do {

循环操作

} while (循环条件);

② 流程图(如图 2.11 所示)。

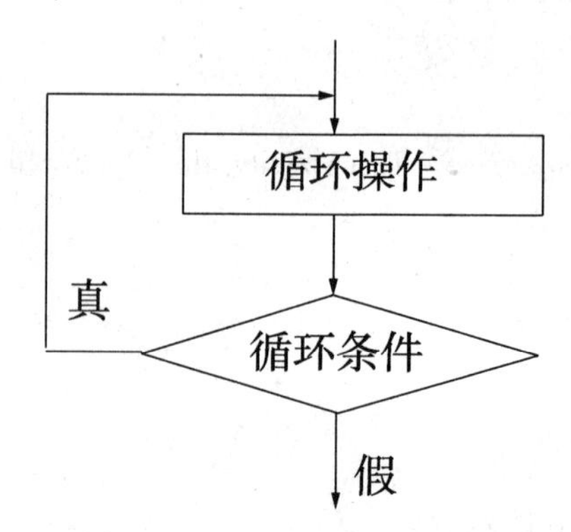

图 2.11 do-while 循环流程图

do-while 循环的特点是先执行，再判断。先执行一遍循环操作，符合条件，循环继续执行；否则，循环退出。

(3) for 循环。

① 语法。

```
for(参数初始化 ; 条件判断; 更新循环变量){
循环操作 ;
}
```

首先执行参数初始化操作，接着进行条件判断，满足条件执行循环操作；接着更新循环变量，再进行条件判断，满足条件，进入循环操作，不满足条件则退出循环。参数初始化只执行一次，而条件判断、更新循环变量、循环操作都在重复执行。

② 关键字 break、continue。

break 退出循环。

continue 退出本次循环，继续进入下一次循环变量改变后的循环。

7. 字符串

(1) 使用 String 对象存储字符串。

String s = "hello"。

String s = new String("hello")。

(2) String 类位于 java.lang 包中，具有丰富的方法。

① 计算字符串的长度。

length()方法：统计字符串长度。

② 连接字符串。

方法 1：使用"+" 来连接字符串。

如：String s="javaScore:"+5+8；结果 s=javaScore58。

如：String s=5+8+" javaScore"；结果 s=13 javaScore。

从上述例子可以看出，数值型变量可自动转换成 String 类型。

方法 2：使用 String 类的 concat()方法。

③ 比较字符串。

equals( )方法：检查组成字符串内容的字符是否完全一致，如：

String s = "hello";

boolean flag=s. equals("Hello") ; // flag 的结果为 false。

equalsIgnoreCase( )方法：比较时忽略大小写形式。

上面的例子用 equalsIgnoreCase( )方法进行比较，flag 的结果为 true。

④ 提取字符串

a. 搜索第一个出现的字符 i(或字符串 str)。

public int indexOf(int i)

public int indexOf(String str)

b. 搜索最后一个出现的字符 i(或字符串 str)。

public int lastIndexOf(int i)

public int lastIndexOf(String str)

c. 提取从位置索引开始的字符串部分。

public String substring(int index)

d. 提取 beginindex 和 endindex 之间的字符串部分。

public String substring(int beginindex, int endindex)

需要注意的是：beginindex 字符串的位置从 0 开始算；endindex 字符串的位置从 1 开始算。

e. 返回一个前后不含任何空格的调用字符串的副本。

public String trim( )

(3) StringBuffer、StringBuilder。

StringBuffer 与 StringBuilder 可以看成 String 的增强版，在处理存储大容量的数据时，StringBuffer 与 StringBuilder 比 String 的效率高。

StringBuffer 常用方法：StringBuffer sb = new StringBuffer("hello"); //创建一个变量存储字符串 hello

sb. append(" * * ");　　//追加字符串。

下面通过"检验邮箱的有效性，并截取@前面的用户名"这样一个例子来体验一下。首先设计布局文件，添加文本编辑框、按钮，接着编写控件文件 MainActivity。MainActivity 的具体代码如下所示：

```
public classTestActivity extends AppCompatActivity {
EditText edt_email;
Button btn_check;
@ Override
protected void onCreate( Bundle savedInstanceState) {
super. onCreate( savedInstanceState);
    setContentView( R. layout. activity_test2);
```

```
edt_email= (EditText) findViewById(R. id. edt_email);
btn_check= (Button) findViewById(R. id. btn_check);
btn_check. setOnClickListener(new View. OnClickListener() {
@ Override
public void onClick(View v) {
            String email=edt_email. getText(). toString();
int i=email. indexOf("@");
int j=email. lastIndexOf(".");
if(i==-1 || j==-1 || (j-i)<=0){
                  Toast. makeText(TestActivity. this, "非法的邮箱", Toast. LENGTH_
SHORT). show();
edt_email. setFocusable(true);
            }else{
                String subName=email. substring(0,i);
                  Toast. makeText(TestActivity. this, "是合法的邮箱,用户名是" +
subName, Toast. LENGTH_SHORT). show();
            }
        }
    });
}
}
```

运行后在文本编辑框输入“admin@ com”“admin. com”或者“admin@ . com”程序，都会提示输入有误，具体如图 2. 12 和图 2. 13 所示。

图 2. 12　非法的邮箱名

图 2. 13　合法的邮箱名

8. 数组

（1）数组定义：数组是一个变量，存储相同数据类型的一组数据。

（2）数组中的所有元素必须属于相同的数据类型。

（3）使用数组四步走：

① 声明数组。

数据类型数组名\[\] ；

数据类型\[\]　数组名 ；

int\[\] a。

② 分配空间。

数据类型\[\]　数组名　=　new　数据类型\[大小\]　；

a=new int\[10\]。

③ 赋值　a\[0\]=5。

④ 处理数据 a\[0\]=a\[0\]-2。

（4）边声明边赋值。

int\[\] score = {11, 22, 33,44,55};

int\[\] score = new int\[\] {11, 22, 33,44,55}。

以上两种方法都可以实现边声明边赋值。需要注意的是：边声明边赋值不能指定数组的大小。

下面举例说明。设计布局文件，添加图片框、两个按钮，实现简易浏览图片的功能，如图 2. 14 所示。

图 2. 14　设计数组布局文件

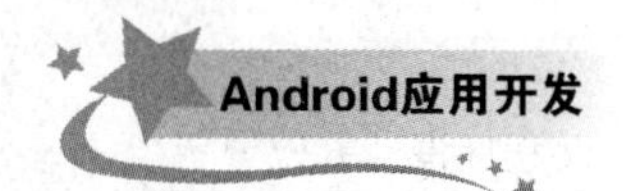

控件文件 MainActivity 的具体代码如下所示：

```
public classImgActivity extends AppCompatActivity implements View. OnClickListener {
ImageView imgView;
Button btn_last,btn_next;
int\[ \] imgs={R. drawable. a,R. drawable. b,R. drawable. c,R. drawable. d};
int i=0;
@ Override
protected void onCreate(Bundle savedInstanceState) {
super. onCreate(savedInstanceState);
    setContentView(R. layout. activity_img);
imgView= (ImageView) findViewById(R. id. img_show);
btn_last= (Button) findViewById(R. id. btn_last);
btn_next= (Button) findViewById(R. id. btn_next);
btn_last. setOnClickListener(this);
btn_next. setOnClickListener(this);
}
@ Override
public void onClick(View v) {
if(v= =btn_last){
if(i>0){
i--;
imgView. setImageResource(imgs\[i\]);
btn_next. setEnabled(true);
if(i= =0){
btn_last. setEnabled(false);
                }
            }
        }
if(v= =btn_next){
if(i<imgs. length-1) {
i++;
imgView. setImageResource(imgs\[i\]);
btn_last. setEnabled(true);
if (i == (imgs. length - 1)) {
btn_next. setEnabled(false);
                }
            }
        }
}
}
```

任务二　基础知识二

一、任务分析

“任务描述”中的任务需要会创建和使用对象；会使用封装、继承等面向对象编程思想。接下来，一一介绍这些知识点。

二、相关知识

1. 对象与类

(1) 对象：一切可以看得到或者摸得着的实体统称为对象。Java 有句名言：万事万物皆对象。对象包含属性和方法。

属性指的是对象具有的各种特征，方法指的是对象执行的操作。

(2) 类：抽取对象属性和方法的共同特征。

定义类的语法：

```
public class 类名{
                    //定义属性部分
属性 1 的类型属性 1;
属性 2 的类型属性 2;
                              …
属性 n 的类型属性 n;
                    //定义方法部分
方法 1;
方法 2;
                              …
方法 m;
}
```

(3)创建对象的语法：

类名对象名=new 类名( );

如 Student stu=new Student( );

使用对象的属性和方法:使用“. ”进行操作。

例如：stu. name=”张三”；　"；　//给属性赋值

　　stu. show( )；　　//调用类的方法,该方法中的操作将被执行。

2. 构造方法

(1) 构造方法负责对象成员的初始化工作，为实例变量赋予合适的初始值。

(2) 构造方法必须满足以下语法规则：

① 方法名与类名相同。

② 没有返回类型。

例如:

```
public class Phone {
private String tel;
private String name;
public Phone(String tel, String name) {
this.tel = tel;
this.name = name;
}
}
```

构造方法分为无参的构造方法和有参的构造方法。上面实体类 Phone 中定义的是有参的构造方法，无参的构造方法如下：

```
public Phone(){
System.out.println("这是无参的构造方法");
}
```

(3) 使用 new 关键字调用构造方法。

如 Phone phone=new Phone(“13188888888”,”张三”)。

3. 继承

在 Java 语言中，用 extends 关键字来表示一个类继承了另一个类。

提取 A 类和 B 类的共有部分并将其放到 C 类中，C 类作为父类，A 类和 B 类作为子类，子类通过 extends 来继承父类。继承可以减少代码重复率，实现写一次用多次的原则，也便于项目后期的维护。

例如：

```
Public class TaxiextendsCar {
//……
}
```

通过继承，出租车除了拥有车的引擎数量、车的颜色、启动、加速、刹车的功能外，还具有自身特性，比如可以打印发票。

由此可以得出继承的特点：子类具有父类的一般特性(属性、行为)、自身特殊的特性。很显然，父类更通用，子类更具体。

4. 接口

一个接口是一些方法特征的集合，但没有方法的实现。

例如：

```
Public interface   Inter {        //用关键字 interface 来定义接口
public void show(); //只有方法的声明,没有方法的实现
}
```

在接口中，定义的方法在不同的地方被实现，可以具有完全不同的行为。把实现了接口中方法的类叫实现类。

例如：

```
public class Phone implements Inter {
public void show() {
System.out.println("这是一款最新的手机");
}
}
```

5. 集合类和哈希表

（1）List 接口和 ArrayList 类。

Java 集合类位于 java.util 包中。集体类采用线性列表的存储方式，长度可动态改变。

Java 提供了 List 接口，ArrayList 类是 List 接口的一个具体实现类。ArrayList 对象实现了可变大小的数组，随机访问和遍历元素时，它能提供更好的性能。

例如，往集合类中添加数据，再从集合类中读取数据的代码如下：

```
//往集合类中添加数据
ArrayList arrayList=new ArrayList();
arrayList.add("one");
arrayList.add("two");
arrayList.add("three");
//从集合类中读取数据
StringBuffer stringBuffer=new StringBuffer();
for(int i=0;i<arrayList.size();i++){
String str=(String) arrayList.get(i);
stringBuffer.append(str+" ");
}
Toast.makeText(this,"从集合类中读的数据:"+stringBuffer.toString(),Toast.LENGTH_SHORT).show();
```

（2）Map 接口和 HashMap 类。

HashMap 是 Map 接口的一个具体实现类。Map 接口用于维护“键-值对”的关联性，可以通过键查找值，中文叫哈希表。

HashMap 常用的方法：

① put(Object key、Object value)方法：存储数据的方法有两个参数，第一个参数表示键名，第二个参数表示值。键名指向值。

② get(Object key)方法：获取数据的方法，参数表示键名，通过键名获取对应的值。

例如，往 HashMap 中添加数据代码如下：

```
HashMap map=new HashMap();
map.put("name","张三");
map.put("age",18);
```

再从 HashMap 中读取数据的代码如下：

```
String str=(String) map.get("name");
int age=(int) map.get("age");
```

三、任务实施

(1) 开发移动开发老师类，老师专门负责教授移动开发课程，要求该类中包含如下内容：属性(老师的姓名、所在教研室、职称)；方法(个人信息、教学)。

(2) 开发数据库老师类，老师专门负责教授数据库课程，要求该类中包含如下内容：属性(老师的姓名、所在教研室、职称)；方法(个人信息、教学)。

(3) 实现点击按钮，显示老师的个人信息及教学信息。

① 新建项目 SheJiaoHua_ 201，包名为“cn. shejiaohua. chapter2”。在布局文件 activity_ main. xml 中添加两个按钮，具体如图 2. 15 所示。

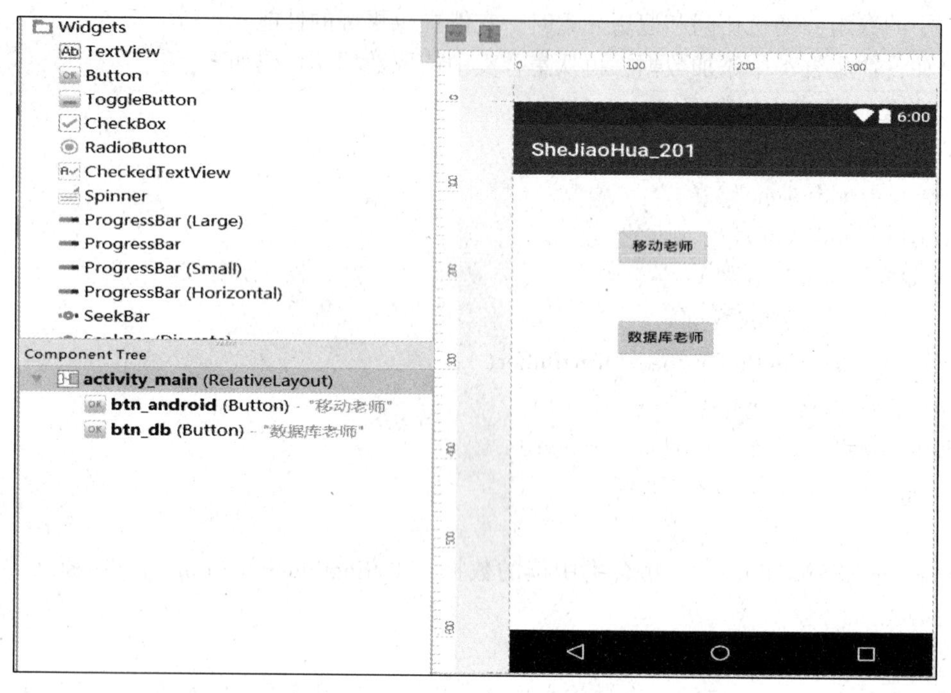

图 2. 15　在布局文件中添加两个按钮

由于移动开发老师和数据库老师同属于老师，两者之间存在继承关系，因此建立父类，让子类自动继承父类的属性和方法。

② 新建 Java Class，创建父类，类名为 Teacher，具体代码如下所示：

```
public classTeacher {
private String name;    // 老师姓名
private String teachingSection; // 所在教学部
private String positionalTitle; //职称
public Teacher(String teachingSection, String name, String positionalTitle) {
this. teachingSection = teachingSection;
this. name = name;
this. positionalTitle = positionalTitle;
```

```
}
//教学
public String giveLesson( ){
return  "知识点讲解";
}
//个人信息
public String information( ) {
return "我叫"+name+",所在教学部是"+teachingSection+",我的职称是"+positionalTitle;
}
}
```

新建 Java Class，创建两个子类，类名分别为 AndroidTeacher、DBTeacher，子类通过关键字 extends 继承父类，具体代码如下所示：

```
//子类1(移动开发类老师)
public class AndroidTeacher extends Teacher {
public AndroidTeacher(String teachingSection, String name, String positionalTitle) {
super(teachingSection, name, positionalTitle);//子类的构造方法中,通过 super 关键字调用父类的构造方法
}
//方法重写
public String giveLesson( ){
return "开启 Android Studio 环境,"+ super. giveLesson( );//调用父类的方法
}
}
//子类2(数据库类老师)
public class DBTeacher extends Teacher {
public DBTeacher(String teachingSection, String name, String positionalTitle) {
super(teachingSection, name, positionalTitle);//子类的构造方法中,通过 super 关键字调用父类的构造方法
}
//方法重写
public String giveLesson( ){
return "开启 MySQL 环境,"+ super. giveLesson( );//调用父类的方法
}
}
```

③ 编写 MainActivity，代码如下所示：

```
public classMainActivity extends AppCompatActivity {
Button btn_android,btn_db;
@ Override
```

```
protected void onCreate(Bundle savedInstanceState) {
super.onCreate(savedInstanceState);
    setContentView(R.layout.activity_main);
btn_android= (Button) findViewById(R.id.btn_android); //控件关联
btn_db= (Button) findViewById(R.id.btn_db);
//给按钮设置单击事件监听器
btn_android.setOnClickListener(new View.OnClickListener() {
@Override
public void onClick(View view) {
            Teacher teacher=new AndroidTeacher("软件技术","张三","讲师");
            Toast.makeText(MainActivity.this,
""+teacher.information()+"\\n"+teacher.giveLesson(), //调用个人信息和教学的方法
Toast.LENGTH_SHORT).show();
        }
    });
btn_db.setOnClickListener(new View.OnClickListener() {
@Override
public void onClick(View view) {
            Teacher teacher=new DBTeacher("计算机应用","李四","副教授");
            Toast.makeText(MainActivity.this,
""+teacher.information()+"/n"+teacher.giveLesson(), //调用个人信息和教学的方法
Toast.LENGTH_SHORT).show();
        }
    });
}
}
```

④ 在模拟器中运行，结果如图 2.16 和图 2.17 所示。

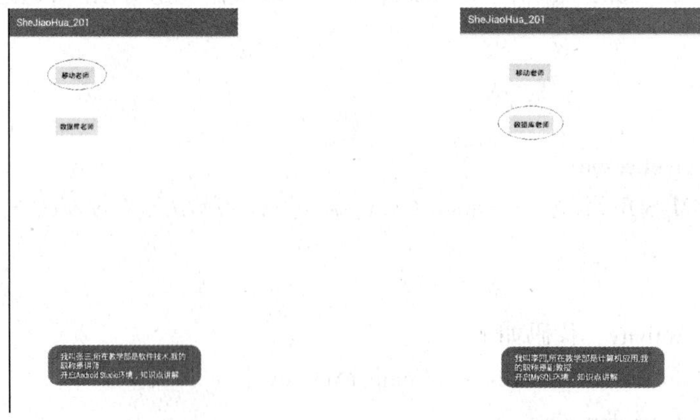

图 2.16　移动开发老师类的编程结果　　　　图 2.17　数据库老师类的编程结果

本章小结

本章介绍了Android语法基础、数据类型，主要介绍了int、char、double及String类型；常见的运算符，主要介绍赋值运算符、算术运算符、关系运算符及逻辑运算符；程序控制语句，主要介绍了if语句、循环语句；字符串的常用方法及数组的使用；面向对象编程，主要介绍类、对象、封装、构造方法、继承及接口。本章要求大家逐渐学会用面向对象编程思想来分析题目，其中继承和接口是难点。

习　　题

(1) 截取字符串"好好学习，天天向上"中逗号后面的四个字。

(2) 将数字5、34、12、8、88、55进行由小到大排序。

(3) 创建一个类Phone，含属性phone，在构造方法中进行初始化；添加一个方法show()，用以打印phone属性的值；在活动页MainActivity.java中创建一个ArrayList，向其中添加3个Phone对象；遍历该集合，并且对每个Phone对象调用show()方法。

第三章 用户界面设计

知识点

(1) 界面组件。

(2) 界面布局。

能力点

(1) 熟练掌握 Android 的常用控件的使用方法。

(2) 熟练掌握 Android 的各种布局方法。

(3) 熟练掌握 Android 布局的嵌套使用。

任务描述

本任务以社交化登录界面为贯穿案例，介绍综合布局的常用方法、常用组件及样式的运用。本任务中的社交化界面使用了多种布局方法，包括线性布局、表格布局、相对布局等嵌套使用。本任务完成后，在手机上的程序运行结果如图 3.1 所示。

图 3.1 社交化 App 的登录界面

任务一　界面布局

一、任务分析

社交化登录界面的布局方式如图 3.1 所示。从布局的角度来看，本任务可以使用线性布局、相对布局、约束布局以及多种布局的嵌套使用。对于移动应用程序来说，在进行 UI（User Interface，用户界面）设计的过程中，需要掌握多种布局的综合使用。

二、相关知识

1. 线性布局

线性布局（LinearLayout），顾名思义就是组件呈线性地一个一个从上往下或从左到右排列在屏幕上。线性布局又可以分为垂直布局和水平布局，通过属性 android：orientation 来设置不同的排列效果，取值有 horizontal 和 vertical 两种排列方式。当然，线性布局也一样要设置宽度及高度。

下面通过一个例子来体验一下。设计布局文件，如图 3.2 所示。

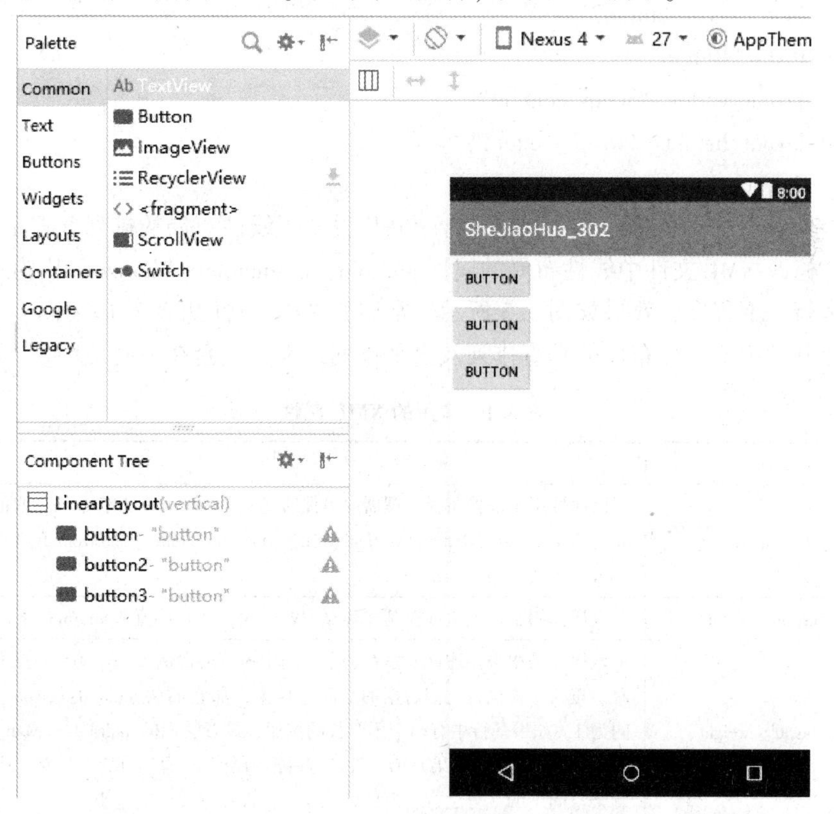

图 3.2　垂直排列

对应的 XML 文件的代码：

```
<? xml version="1.0" encoding="utf-8" ? >
<LinearLayout xmlns:android="http://schemas.android.com/apk/res/android"
android:orientation="vertical"
android:layout_width="match_parent"
android:layout_height="match_parent">
<Button
android:id="@+id/button1"
android:text="Button"
android:layout_width="wrap_content"
android:layout_height="wrap_content"/>
<Button
android:id="@+id/button2"
android:text="Button"
android:layout_width="wrap_content"
android:layout_height="wrap_content"/>
<Button
android:id="@+id/button3"
android:text="Button"
android:layout_width="wrap_content"
android:layout_height="wrap_content"/>
</LinearLayout>
```

在以上代码中，android：orientation="vertical"设置了线性布局的排列方式是垂直布局。

接着，修改 XML 文件中线性布局的属性 android：orientation="horizontal"为水平排列方式，重新运行一下程序，效果如图 3.3 所示。常用的 XML 属性如表 3.1 所示。

在实际开发中，线性布局的垂直排列及水平排列经常会嵌套在一起使用。

表 3.1 常用的 XML 属性

XML 属性	描述
android：gravity	该属性用于设置布局管理器内组件的显示位置。android：gravity 取值有 top、bottom、left、right、center_ vertical、fill_ vertical、center_ horizontal、fill_ horizontal、center、fill、clip_ vertical
android：layout_ gravity	该属性用于设置组件在其父容器中的位置，其属性值和 android：gravity 相同
android：layout_ weight	该属性是用来描述该元素在剩余空间中占有的比例大小。例如：在布局文件中有两个按钮，要设置它们占据的空间一样大，那它们的 android：layout_ weight 值都同为 1。如果一行中有两个不等长的按钮，设置它们的 android：layout_ weight 值分别为 1 和 2，那么结果是第一按钮将占据剩余空间的三分之二，第二个按钮将占据剩余空间中的三分之一。所以值越大，控件占据的空间越小

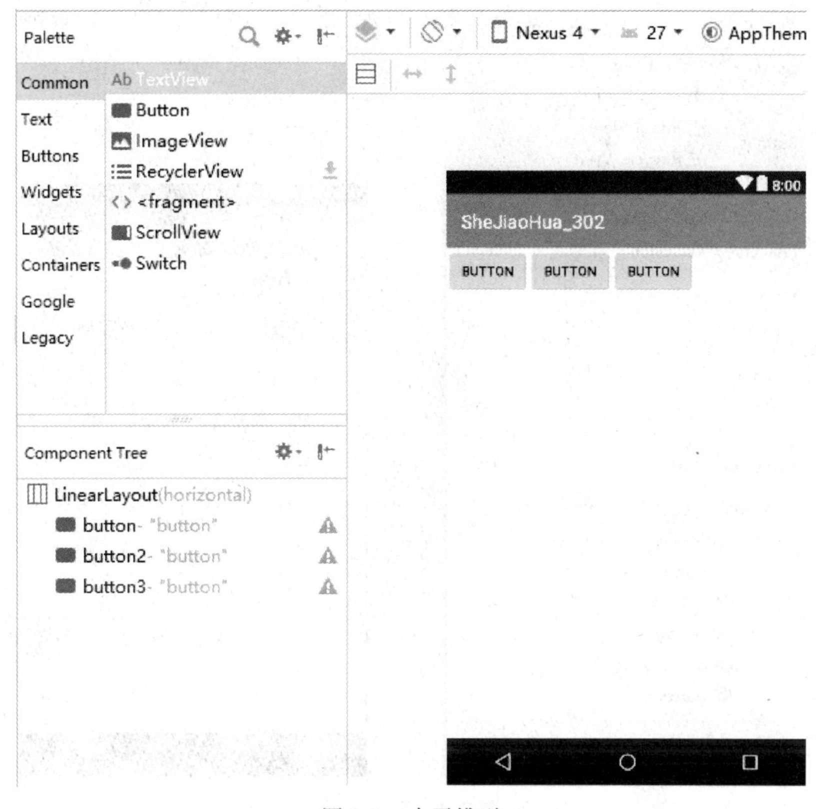

图 3.3 水平排列

2. 表格布局

表格布局对应的标签是<TableLayout>。表格布局以行和列的形式管理控件，每行为一个 TableRow 对象。往 TableRow 中添加控件，添加几个控件就为几列，列的编号从 0 开始。每一列的宽度是由当前列中最宽的那一个单元格决定的。

表格布局中可以有不放置控件的单元格，单元格可以跨越多个列，跨列使用的属性是 android：layout_ span=“*n*”，*n* 表示列数。

经常在开发过程中遇到，每行添加的控件太多了，超出了父容器的宽度，导致靠右边的一些控件显示不出来。这个问题可通过表格布局的属性 android：shrinkColumns=列号来设置。“android：shrinkColumns=＊”表示所有的列的宽度可以自动收缩，以使表格能够适应其父容器的大小。“android：shrinkColumns=0，2”表示第一列和第三列的宽度可自动收缩。

对于每一列的控件数量太少，不能填满父容器的宽度的，可通过 android：stretchColumns=列号来设置。“android：stretchColumns=＊”表示所有列的宽度可以自动拉伸，以使填满表格中空闲的空间。“android：stretchColumns=0，2”表示第一列和第三列的宽度可自动拉伸。

下面，通过一个例子来体验一下。新建一个布局文件，界面效果如图 3.4 所示。

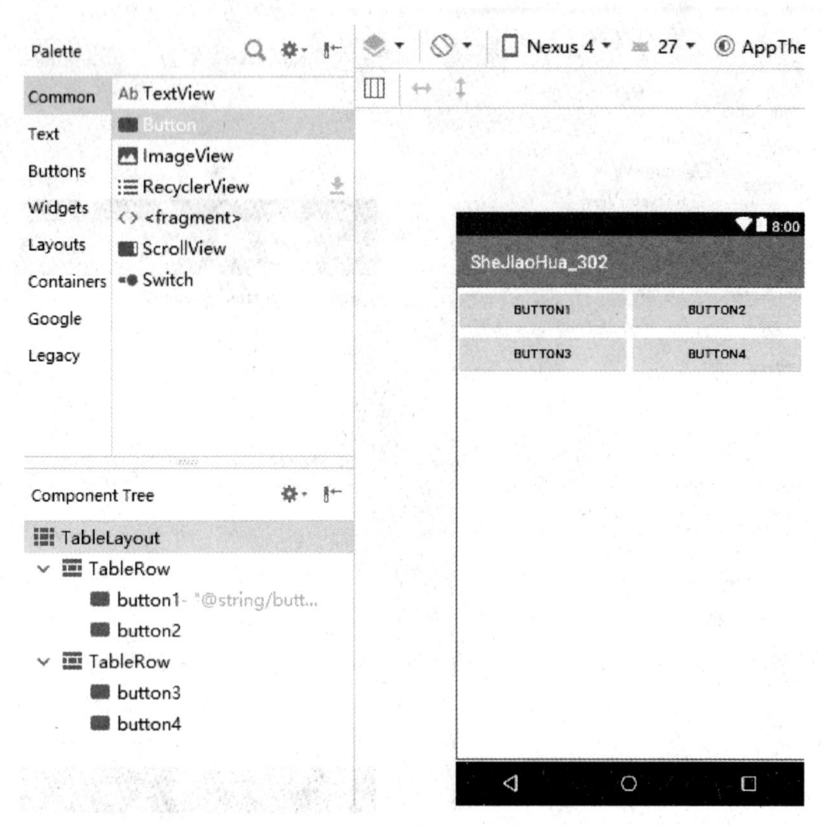

图 3.4 表格布局

对应的 XML 文件的代码如下所示：

```
<TableLayout xmlns:android="http://schemas.android.com/apk/res/android"
    android:orientation="vertical"
    android:layout_width="match_parent"
    android:layout_height="match_parent"
    android:stretchColumns=" * ">
    <TableRow>
    <Button
    android:id="@+id/button1"
    android:text="Button1"
    android:layout_width="wrap_content"
    android:layout_height="wrap_content"/>
    <Button
    android:id="@+id/button2"
    android:text="Button2"
    android:layout_width="wrap_content"
    android:layout_height="wrap_content"/>
    </TableRow>
```

```
<TableRow>
    <Button
    android:id="@+id/button3"
    android:text="Button3"
    android:layout_width="wrap_content"
    android:layout_height="wrap_content"/>
    <Button
    android:id="@+id/button4"
    android:text="Button4"
    android:layout_width="wrap_content"
    android:layout_height="wrap_content"/>
    </TableRow>
    </TableLayout>
```

在以上代码中，通过设置表格布局的属性 android：stretchColumns="＊"让所有的列的宽度可以自动拉伸，以使填满表格中空闲的空间。

紧接着，跨列的步骤为：去掉按钮 4，在按钮 3 中添加属性 android：layout_span="2"，则界面效果如图 3.5 所示。

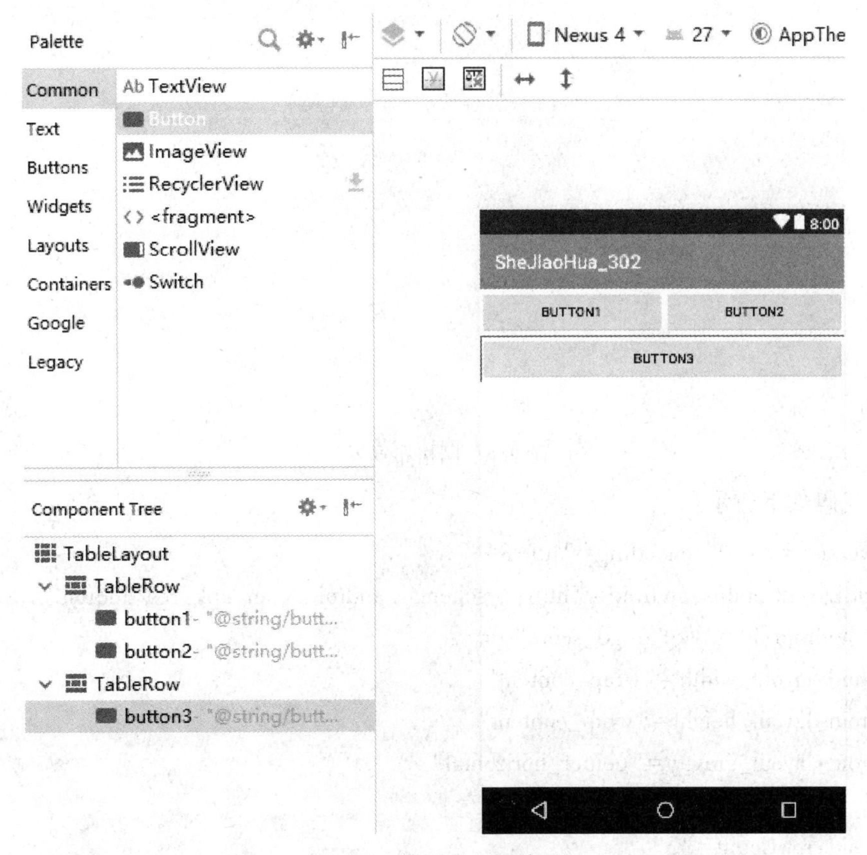

图 3.5　跨列的界面效果

3. 网格布局

网格布局也称 GridLayout 布局，是 Android 4.0 以后引入的新布局，和 TableLayout（表格布局）有点类似。它们最大的不同是：网格布局可跨行跨列，而表格布局只能跨列。

网格布局常见的 XML 属性：

（1）设置布局为几行几列。

android：rowCount="数字"　　　设置网格布局有几行

android：columnCount="数字"　　设置网格布局有几列

（2）设置某个组件位于第几行第几列。

android：layout_ row = "数字"　　设置组件位于第几行

android：layout_ column = "数字"　设置该组件位于第几列

（3）设置某个组件跨行或列。

android：layout_ rowSpan = "数字"　　设置组件跨几行

android：layout_ columnSpan = "数字"　　设置组件跨几列

接下来，通过添加布局文件举例说明。其布局界面如图 3.6 所示。

图 3.6　网格布局界面

对应代码如下所示：

```
<? xml version="1.0" encoding="utf-8"? >
    <GridLayout xmlns:android="http://schemas.android.com/apk/res/android"
        android:id="@+id/gd_score"
    android:layout_width="wrap_content"
    android:layout_height="wrap_content"
    android:layout_gravity="center_horizontal"
    android:columnCount="4"
    android:rowCount="3"
```

```
android:layout_marginTop="50dp">
<TextView
        android:id="@+id/textView1"
        style="@style/txtStyle"
android:layout_column="0"
android:layout_row="0"
        android:text="语文" />
<TextView
        android:id="@+id/textView2"
        style="@style/txtStyle"
android:layout_column="1"
android:layout_row="0"
        android:text="数学" />
<TextView
        android:id="@+id/textView3"
        style="@style/txtStyle"
android:layout_column="2"
android:layout_row="0"
        android:text="英语" />
<TextView
        android:id="@+id/textView4"
        style="@style/txtStyle"
android:layout_column="3"
android:layout_row="0"
        android:text="排行" />
<TextView
        android:id="@+id/textView5"
        style="@style/txtStyle"
android:layout_column="0"
android:layout_row="1"
android:text="80" />
<TextView
        android:id="@+id/textView6"
        style="@style/txtStyle"
android:layout_column="1"
android:layout_row="1"
android:text="90" />
<TextView
```

```
        android:id="@+id/textView7"
            style="@style/txtStyle"
    android:layout_column="2"
    android:layout_row="1"
    android:text="85" />
    <TextView
            android:id="@+id/textView8"
            style="@style/txtStyle"
    android:layout_column="3"
    android:layout_gravity="fill_vertical"
    android:layout_row="1"
    android:layout_rowSpan="2"
    android:text="6" />
    <TextView
            android:id="@+id/textView9"
            style="@style/txtStyle"
    android:layout_column="0"
    android:layout_columnSpan="3"
    android:layout_gravity="fill_horizontal"
    android:layout_row="2"
            android:text="总成绩:255" />
    </GridLayout>
```

其中，每个组件的 style 属性引用的值为 res/values/styles. xml 文件中的定义的元素。styles. xml 中对应的代码如下所示：

```
<style name="txtStyle">
    <item name="android:layout_width">60dp</item>
    <item name="android:layout_height">60dp</item>
    <item name="android:background">@android:color/darker_gray</item>
    <item name="android:textColor">@android:color/white</item>
    <item name="android:textSize">18sp</item>
    <item name="android:textStyle">bold</item>
    <item name="android:gravity">center_horizontal|center_vertical</item>
    <item name="android:layout_margin">2dp</item>
    </style>
```

styles. xml 文件对文本标签的文本样式进行了设置。

4. 相对布局

相对布局（Relative Layout）是按照各子元素之间的相对位置关系来完成布局的。也就是说，相对布局中的组件都是相对于其他组件或者父容器的位置进行排列的。

相对布局中组件元素常用的位置属性如表 3. 2 所示。

表 3. 2　相对布局中组件元素常用的位置属性

属性	描述
android：layout_ toRightOf	该组件在指定控件的右边
android：layout_ toLeftOf	该组件在指定控件的左边
android：layout_ above	该组件在指定控件的上方
android：layout_ below	该组件在指定控件的下方
android：layout_ alignLeft	该组件与指定组件的左边界对齐
android：layout_ alignRight	该组件与指定组件的右边界对齐
android：layout_ alignTop	该组件与指定组件的上边界对齐
android：layout_ alignBottom	该组件与指定组件的下边界对齐
android：layout_ alignParentleft	该组件是否与父元素的左端对齐
android：layout_ alignParentRight	该组件是否与父元素的右端对齐
android：layout_ alignParentTop	该组件是否与父元素的上端对齐
android：layout_ alignParentBottom	该组件是否与父元素的下端对齐
android：layout_ marginLeft	该组件距离左边组件的宽度
android：layout_ marginRight	该组件距离右边组件的宽度
android：layout_ marginTop	该组件距离顶端组件的宽度
android：layout_ marginBottom	该组件距离底端组件的宽度

下面设计社交化项目的注册页面。添加布局文件 layout_ relative. xml，布局界面，效果如图 3. 7 所示。

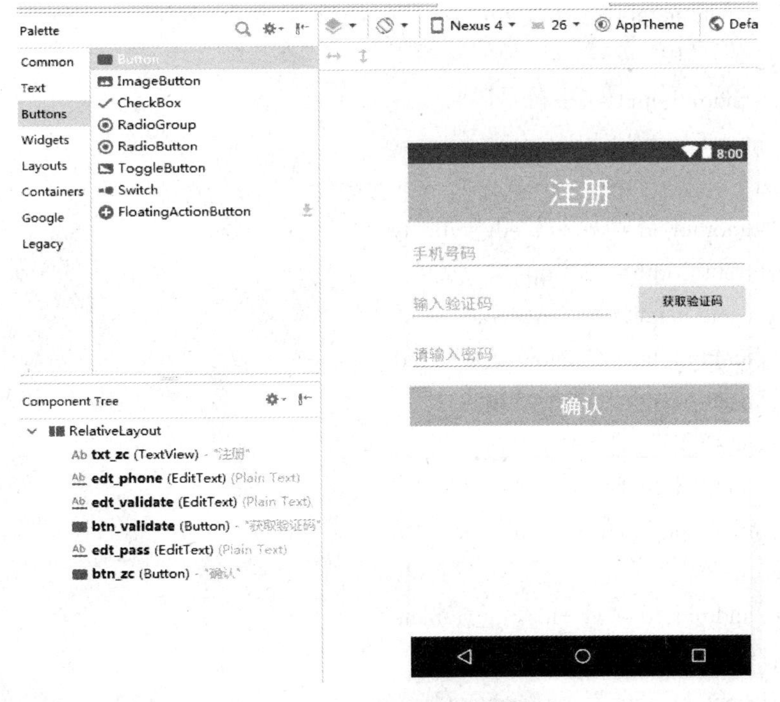

图 3. 7　社交化项目的布局界面

对应的 XML 文件的代码如下所示：

```
<? xml version="1.0" encoding="utf-8"? >
    <RelativeLayout xmlns:android="http://schemas.android.com/apk/res/android"
    android:layout_width="match_parent"
    android:layout_height="match_parent" >
    <TextView
            android:id="@+id/txt_zc"
    android:layout_width="match_parent"
    android:layout_height="70dp"
    android:layout_alignParentTop="true"
            android:background="@android:color/holo_green_light"
    android:gravity="center_vertical|center_horizontal"
            android:text="注册"
            android:textColor="@android:color/white"
    android:textSize="36sp" />
    <EditText
            android:id="@+id/edt_phone"
    android:layout_width="match_parent"
    android:layout_height="wrap_content"
            android:layout_below="@id/txt_zc"
    android:layout_marginTop="15dp"
    android:ems="10"
            android:hint="手机号码"
    android:inputType="textPersonName" />
    <EditText
            android:id="@+id/edt_validate"
    android:layout_width="230dp"
    android:layout_height="wrap_content"
            android:layout_below="@id/edt_phone"
    android:layout_marginTop="15dp"
    android:ems="10"
            android:hint="输入验证码"
    android:inputType="textPersonName" />
    <Button
            android:id="@+id/btn_validate"
    android:layout_width="130dp"
    android:layout_height="wrap_content"
```

```
        android:layout_alignBottom="@+id/edt_validate"
    android:layout_marginLeft="25dp"
            android:layout_toRightOf="@id/edt_validate"
            android:text="获取验证码" />
    <EditText
            android:id="@+id/edt_pass"
    android:layout_width="match_parent"
    android:layout_height="wrap_content"
            android:layout_below="@id/edt_validate"
    android:layout_marginTop="15dp"
    android:ems="10"
            android:hint="请输入密码"
    android:inputType="textPersonName" />
    <Button
            android:id="@+id/btn_zc"
    android:layout_width="match_parent"
    android:layout_height="wrap_content"
            android:layout_below="@id/edt_pass"
    android:layout_marginTop="15dp"
            android:background="@android:color/holo_blue_light"
            android:text="确认"
            android:textColor="@android:color/white"
    android:textSize="24sp" />
    </RelativeLayout>
```

该界面使用了相对布局管理器。界面上添加了一个文本标签、三个文本编辑框、两个按钮，并设置了它们的位置及对齐方式。获取验证码的按钮设置了属性 android：layout_toRightOf="@id/edt_ validate"，表示它位于 id 名为 edt_ validate 的文本编辑框的右侧。设置属性 android：layout_ marginLeft="25dp"，表示按钮距离左边文本编辑框的间距为 25dp。设置属性 android：layout_ alignBottom="@+id/edt_ validate"，表示按钮与文本编辑框底部对齐。

5. 帧布局

帧布局(Frame Layout)是最简单的一种布局对象。布局中添加了多个子控件，所有的控件都被对齐到屏幕的左上角，后加的控件会覆盖前面控件。帧布局的大小由子控件中最大的子控件决定，如果控件都一样大的话，同一时刻就只能看到最上面的那个控件。

下面举例说明，添加新的布局文件，设置界面效果，如图 3.8 所示。

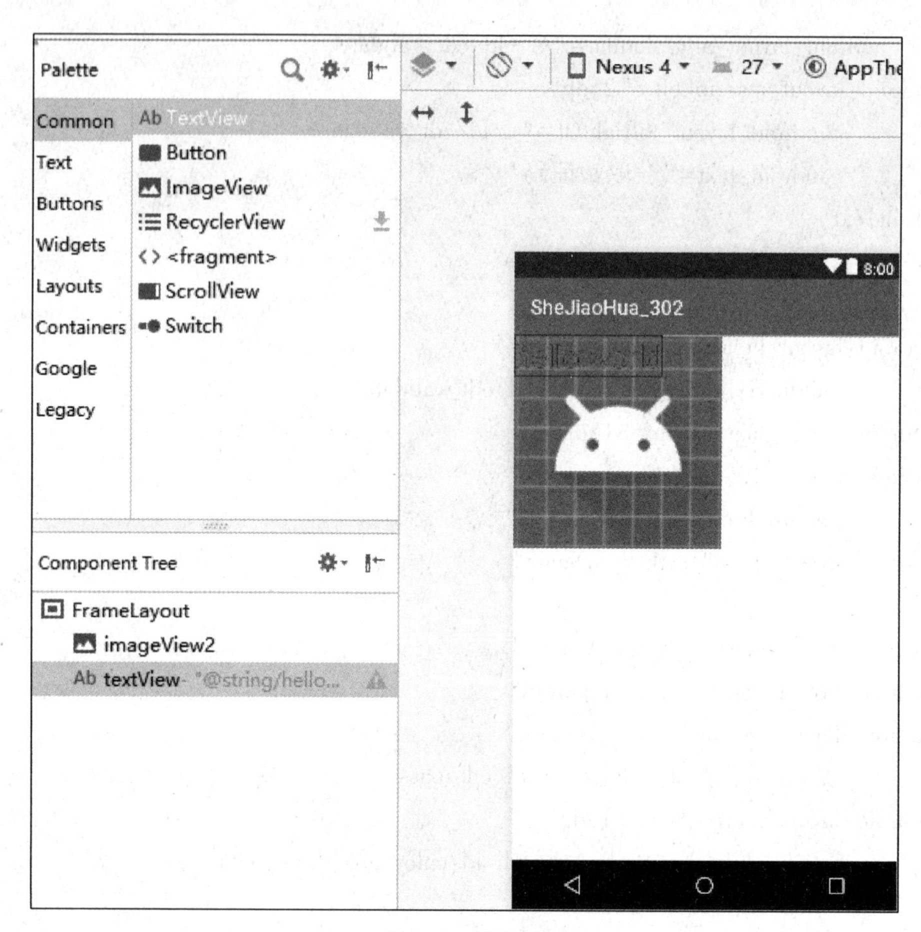

图 3.4　帧布局

对应的 XML 文件代码如下所示：

```
<FrameLayout xmlns:android="http://schemas.android.com/apk/res/android"
    android:orientation="vertical"
    android:layout_width="match_parent"
    android:layout_height="match_parent">
    <ImageView
    android:layout_width="230dp"
    android:layout_height="180dp"
    android:src="@drawable/framelayout"
    android:id="@+id/imageView2"/>
    <TextView
    android:text="hello world"
    android:layout_width="wrap_content"
    android:layout_height="wrap_content"
    android:textSize="60px"
```

```
android:textColor="#ff0000"
    android:id="@+id/textView"/>
    </FrameLayout>
```

以上帧布局包含了两个控件、一个图片框、一个文本标签。该帧布局先添加完图片框再添加的文本标签，所以文本标签会覆盖在图片框上面，如果先添加文本标签再添加图片框，那么图片框会覆盖了文本标签。

可以通过设计控件的 layout_gravity 属性，从而制订控件的内部对其方式。如果将文本标签的 android:layout_width 改为 match_parent，再设置文本标签的文本对齐方式 android:gravity 为 right，那么界面效果如图 3.9 所示。

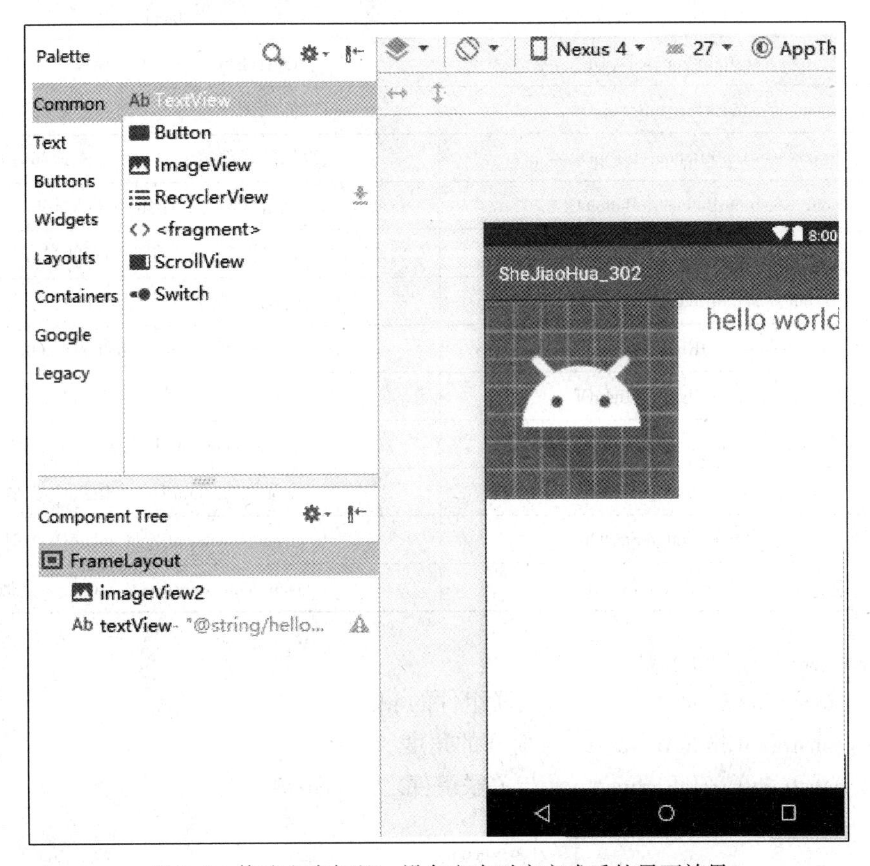

图 3.9 修改文本标签、设备文本对齐方式后的界面效果

有些读者看到图 3.9 会以为是帧布局失效了，其实它设置了文本标签的文本对齐方式，而文本标签本身还是堆叠在左上角的。

6. 约束布局

约束布局(Constraint Layout)可以看成是相对布局的升级版。约束布局使用起来比相对布局更灵活，性能更出色，因为约束布局可以按照比例约束控件位置和尺寸，能够更好地适配屏幕大小不同的机型。它的出现最主要是为了解决布局嵌套过多的问题，以灵活的方式定位和调整小部件。从 Android Studio 2.3 起，官方的模板默认使用约束布局。

使用约束布局的布局管理器，需要在 build.gradle 引入支持库：

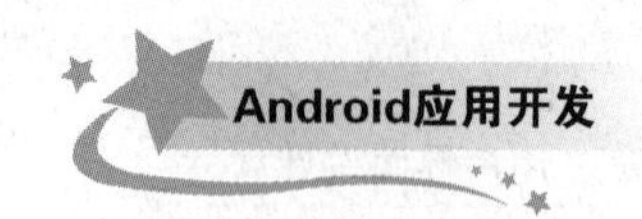


```
dependencies {
    implementation 'com.android.support.constraint:constraint-layout:1.1.3'
    }
```

约束布局的主要功能有以下方面。

(1) 相对定位。

相对定位是部件对于另一个位置的约束，做法和相对布局是相似的。

相对定位的常见属性如表 3.3 所示。

表 3.3　相对定位的常见属性

属性	说明
layout_constraintTop_toTopOf	该组件与另一个组件顶部对齐
layout_constraintTop_toBottomOf	该组件的顶部与另一个组件的底部对齐
layout_constraintBottom_toTopOf	该组件的底部与另一个组件的顶部对齐
layout_constraintBottom_toBottomOf	该组件与另一个组件底部对齐
layout_constraintLeft_toLeftOf	该组件与另一个组件的左侧对齐
layout_constraintLeft_toRightOf	该组件的左侧与另一个组件的右侧对齐
layout_constraintRight_toLeftOf	该组件的右侧与另一个组件的左侧对齐
layout_constraintRight_toRightOf	该组件与另一个组件右侧对齐
layout_constraintStart_toStartOf	与 layout_constraintLeft_toLeftOf 类似
layout_constraintStart_toEndOf	与 layout_constraintLeft_toRightOf 类似
layout_constraintEnd_toStartOf	与 layout_constraintRight_toLeftOf 类似
layout_constraintEnd_toEndOf	与 layout_constraintRight_toRightOf 类似

(2) 圆形定位(如图 3.10 所示)。

layout_constraintCircle　　关联组件的 id

layout_constraintCircleAngle　　对齐的角度

layout_constraintCircleRadius　　与关联组件之间的距离

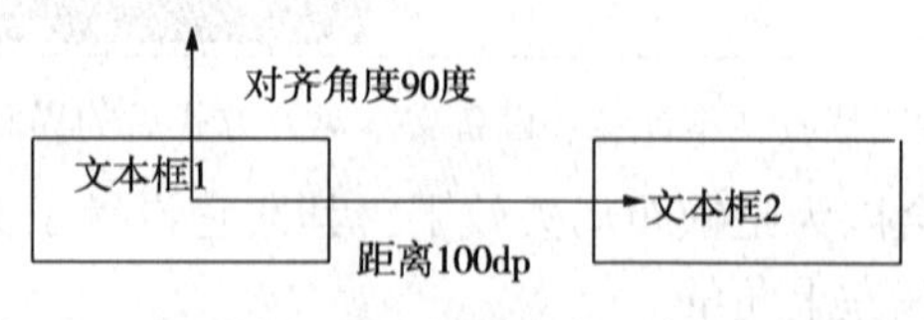

图 3.10　圆形定位示例

(3) 设置宽高比。

使用约束布局，组件的宽高值有 MATCH_CONSTRAINT 和 wrap_content，已经没有 match_parent 这个属性值了。MATCH_CONSTRAINT 相当于 0dp，指的是控件的宽高度由约束来控制。当宽或高至少有一个值被设置为 0dp 时，可以通过属性 layout_constraintDimensionRatio 来设置宽高比。

如：

app:layout_constraintDimensionRatio="10：5"表示该组件的宽高比为10：5

或者写成：

app:layout_constraintDimensionRatio="w,10：5"指的是宽：高=10：5

app:layout_constraintDimensionRatio="h,5：10"指的是高：宽=5：10

添加新的布局文件，设置界面效果，如图3.11所示。

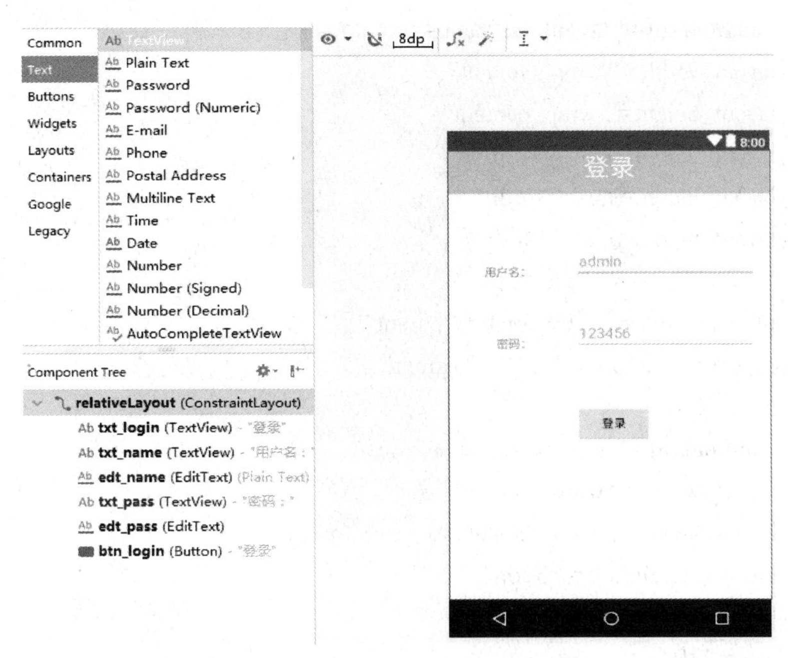

图3.11　添加新的布局文件，设置界面效果

对应的XML文件代码如下所示：

```
<android.support.constraint.ConstraintLayout xmlns:android="http://schemas.android.com/apk/res/android"
        xmlns:app="http://schemas.android.com/apk/res-auto"
        xmlns:tools="http://schemas.android.com/tools"
        android:id="@+id/relativeLayout"
    android:layout_width="match_parent"
    android:layout_height="match_parent">
    <TextView
            android:id="@+id/txt_login"
    android:layout_width="0dp"
    android:layout_height="54dp"
            android:background="@android:color/holo_green_light"
    android:gravity="center_horizontal"
            android:text="登录"
```

```
        android:textColor="@android:color/white"
    android:textSize="30sp"
    app:layout_constraintEnd_toEndOf="parent"
    app:layout_constraintStart_toStartOf="parent"
    app:layout_constraintTop_toTopOf="parent" />
    <TextView
            android:id="@+id/txt_name"
    android:layout_width="wrap_content"
    android:layout_height="wrap_content"
    android:layout_marginLeft="44dp"
    android:layout_marginStart="44dp"
    android:layout_marginTop="144dp"
            android:text="用户名:"
    app:layout_constraintStart_toStartOf="parent"
    app:layout_constraintTop_toTopOf="parent" />
    <EditText
            android:id="@+id/edt_name"
    android:layout_width="wrap_content"
    android:layout_height="wrap_content"
    android:layout_marginLeft="52dp"
    android:layout_marginStart="52dp"
    android:ems="10"
    android:hint="admin"
    android:inputType="textPersonName"
            app:layout_constraintBottom_toBottomOf="@+id/txt_name"
            app:layout_constraintStart_toEndOf="@+id/txt_name" />
    <TextView
            android:id="@+id/txt_pass"
    android:layout_width="wrap_content"
    android:layout_height="wrap_content"
    android:layout_marginTop="72dp"
            android:text="密码:"
            app:layout_constraintEnd_toEndOf="@+id/txt_name"
            app:layout_constraintTop_toBottomOf="@+id/txt_name" />
    <EditText
            android:id="@+id/edt_pass"
    android:layout_width="wrap_content"
    android:layout_height="wrap_content"
```

```
android:ems="10"
    android:hint="123456"
    android:inputType="textPassword|numberPassword"
    android:singleLine="false"
            app:layout_constraintBottom_toBottomOf="@+id/txt_pass"
            app:layout_constraintStart_toStartOf="@+id/edt_name" />
    <Button
            android:id="@+id/btn_login"
    android:layout_width="wrap_content"
    android:layout_height="wrap_content"
            android:text="登录"
            app:layout_constraintCircle="@+id/txt_pass"
    app:layout_constraintCircleAngle="130"
    app:layout_constraintCircleRadius="150dp"
        />
    </android.support.constraint.ConstraintLayout>
```

任务二　界面组件

一、任务分析

社交化登录界面用到的组件有文本标签、文本编辑框、按钮、图片框。本任务通过案例对这些组件一一介绍。

二、相关知识

1. 用户界面组件包 widget 和 View 类

Android 系统为开发人员提供了非常丰富的用户界面组件，大部分用户界面组件放置在 android. widget 包中。

widget 包中的常用组件有 Button 按钮、CalendarView 日历视图、CheckBox 复选框

EditText 文本编辑框、ImageView 显示图像、ListView 列表框、RadioGroup 单选按钮组、Spinner 下拉列表、TextView 文本标签、Toast 消息提示框。

View 是用户界面组件的共同父类，绝大多数用户界面组件都是继承 View 类实现的，如 TextView、Button、EditText 等。

View 类常用的属性和方法如表 3. 4 所示。

表 3.4 View 类常用的属性和方法

属性	对应方法	说明
android：background	setBackgroundColor(int color)	设置背景颜色
android：id	setId(int)	为组件设置可通过 findViewById 方法获取的标识符
android：visibility	setVisibility(int)	设置组件的可见性
android：clickable	setClickable(boolean)	设置组件是否响应单击事件
	findViewById(int id)	与 id 所对应的组件建立关联

2. TextView、Button 及 EditText

（1）TextView。

TextView 叫文本标签，是用来显示文本内容的，它的常用方法如表 3.5 所示。

表 3.5 TextView 的常用方法

方 法	说 明
setText(CharSequence text)	用于设置文本标签的文本内容。需要注意的是，当设置的文本内容的类型是数值型时，并没有显示语法错误，但运行后程序会提示错误并中断运行
setTextSize(float)	用于设置文本标签的文本大小。参数类型是 float，要求传值如 3.5f
setTextColor(int color)	用于设置文本标签的文本颜色。参数传值可以是 Color 类对应的颜色属性值，如 Color.RED，也可以是 0xffff0000 这样的写法
getText( )	获取文本标签的文本内容

文本标签常用的 XML 文件元素属性包括以下方面。

① android:id:用来设定标签的唯一标识。

② android:layout_width:文本标签的宽度,通常它取值有以下这三种:

a. wrap_content 按照文本的实际内容来显示宽度;

b. fill_parent 占满整个屏幕的宽度;

c. 设定一个固定值,以 dp 为单位。

③ android:layout_height:文本标签的高度,通常它的取值和文本标签的宽度取值一样:

a. wrap_content 按照文本的实际内容来显示高度;

b. fill_parent：占满整个屏幕的高度;

c. 设定一个固定值，以 dp 为单位。

④ android：text：文本标签的文本内容。

⑤ android：textSize：文本标签的文本大小。

设计布局文件，如图 3.12 所示。

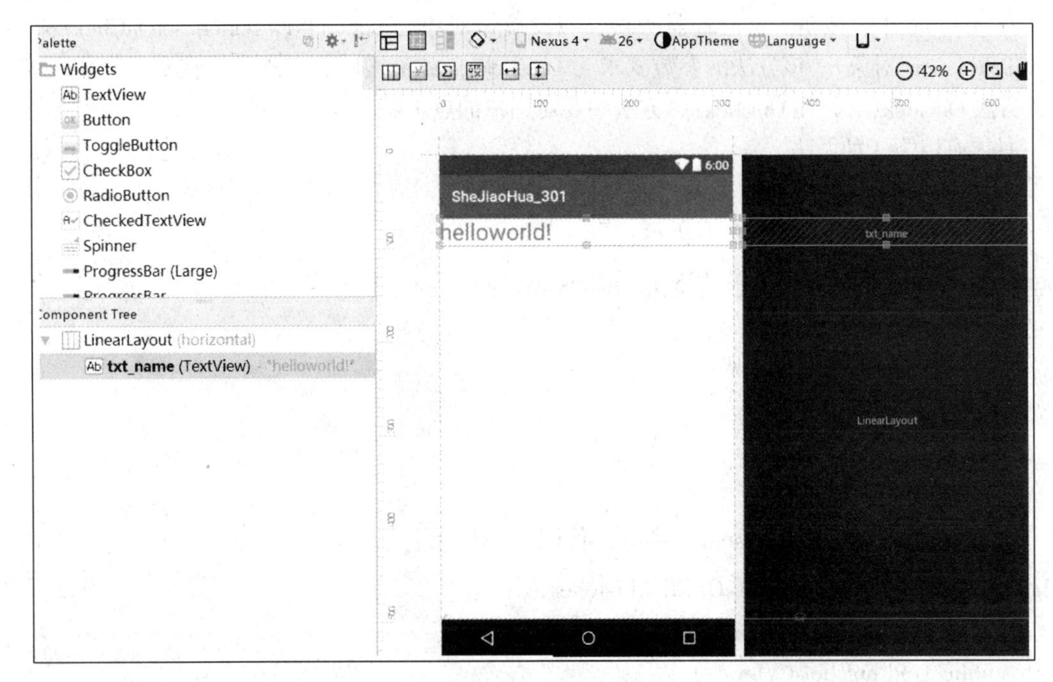

图 3. 12　文本标签 TextView

布局文件代码如下：

```
<LinearLayout xmlns:android="http://schemas.android.com/apk/res/android"
    android:layout_width="match_parent"
    android:layout_height="match_parent">
    <TextView
    android:text="helloworld!"
    android:layout_width="fill_parent "
    android:layout_height="wrap_content"
    android:id="@+id/txt_name"
    android:layout_weight="1"
    android:textSize="30sp"
    android:textColor="@color/colorAccent" />
    </LinearLayout>
```

在以上代码中，android：text="helloworld!"设置了文本标签控件的文本内容，android：layout_width="fill_parent"设置了文本标签的宽度占满整个屏幕，android:layout_height="wrap_content"设置了文本标签的高度按文本的实际高度来显示，android:id="@+id/txt_name"设置了文本标签控件的唯一编号，android：textSize="30sp"设置了控件文本的字体大小。

（2）Button。

Button 又叫按钮，用于处理人机交互事件，在一般应用程序中经常会用到。由于按钮是文本标签的子类，所以按钮继承了文本标签的所有属性和方法。

在 Android 中，按钮需要设置监听器，假设按钮对象为 button，即 button. setOnClickListener (OnClickListenr 对象)。该方法的参数要求为 OnClickListener 接口的实现类，在实现类中要实现抽象方法 OnClick( )，在 OnClick( )方法中要对用户的点击做出响应。

具体有以下 3 种做法。

方法一：

使用匿名内部类，代码如下所示：

```
button. setOnClickListener( new View. OnClickListener( ) {
    @ Override
    public void onClick( View v) {
        }
    });
```

方法二：

创建新类实现 OnClickListener 接口，代码如下所示：

```
classClickTestimplementsView. OnClickListener{
    @ Override
    public void onClick( View v) {
    }
    }
```

接着给按钮添加监听器，代码如下所示：

```
button. setOnClickListener( new ClickTest( ) );
```

方法三：

当前活动页实现 OnClickListener 接口，代码如下所示：

```
public classMainActivity extends AppCompatActivity implements View. OnClickListener{
    @ Override
    protected void onCreate( Bundle savedInstanceState) {
    super. onCreate( savedInstanceState);
        setContentView( R. layout. activity_main);
    //  。。。。。。
    button. setOnClickListener( this);
    }
    @ Override
    public void onClick( View v) {
    if( v= =btn) {
    //。。。。。。
        }
        }
    }
```

常用的 XML 文件元素属性和文本标签一样。

设计布局文件，如图 3.13 所示.

图 3.13　按钮(Button)

布局文件代码如下：

```
<RelativeLayout xmlns:android="http://schemas.android.com/apk/res/android"
    xmlns:tools="http://schemas.android.com/tools"
    android:id="@+id/activity_main"
    android:layout_width="match_parent"
    android:layout_height="match_parent"
    android:paddingBottom="@dimen/activity_vertical_margin"
    android:paddingLeft="@dimen/activity_horizontal_margin"
    android:paddingRight="@dimen/activity_horizontal_margin"
    android:paddingTop="@dimen/activity_vertical_margin"
    tools:context="com.example.dell.shejiaohua_301.MainActivity">
    <TextView
```

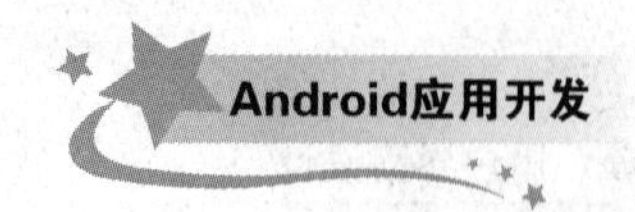


```
android:text="点击按钮,改变我的字体颜色"
android:layout_width="wrap_content"
android:layout_height="wrap_content"
android:layout_marginTop="45dp"
android:id="@+id/txt_color"
android:textAppearance="@style/TextAppearance.AppCompat.Large"
android:layout_alignParentTop="true"
android:layout_centerHorizontal="true" />
<Button
android:text="红色"
android:layout_width="wrap_content"
android:layout_height="wrap_content"
android:layout_below="@+id/txt_color"
android:layout_alignLeft="@+id/txt_color"
android:layout_alignStart="@+id/txt_color"
android:layout_marginTop="57dp"
android:id="@+id/btn_red" />
<Button
android:text="蓝色"
android:layout_width="wrap_content"
android:layout_height="wrap_content"
android:layout_alignBottom="@+id/btn_red"
android:layout_alignRight="@+id/txt_color"
android:layout_alignEnd="@+id/txt_color"
android:id="@+id/btn_blue" />
</RelativeLayout>
```

以上代码定义了一个文本标签及两个按钮控件，分别设置了它们的文本内容、控件的宽度、高度及编号。

编写控件文件 MainActivity，实现点击按钮“红色”修改按钮上的文字为红色，点击按钮“蓝色”修改按钮上的文字为蓝色。具体代码如下所示：

```
//当前活动页实现单击事件监听器接口
public class MainActivity extends AppCompatActivity implements View.OnClickListener{
Button btn_red,btn_blue;
TextView txt_color;
@Override
protected void onCreate(Bundle savedInstanceState) {
super.onCreate(savedInstanceState);
    setContentView(R.layout.activity_main);
```

```
btn_red= (Button) findViewById(R.id.btn_red); //控件关联
btn_blue= (Button) findViewById(R.id.btn_blue);
txt_color= (TextView) findViewById(R.id.txt_color);
btn_red.setOnClickListener(this);
btn_blue.setOnClickListener(this);
}
@Override
public void onClick(View v) {
if(v==btn_red){
txt_color.setTextColor(Color.RED);
    }
if(v==btn_blue){
txt_color.setTextColor(Color.BLUE);
    }
  }
}
```

(3) EditText。

EditText 又叫文本编辑框，用来接收用户输入的文本内容。文本编辑框和按钮一样都继承于文本标签 TextView。

文本编辑框 EditText 除了继承文本标签 TextView 的方法，还有个带参数的构造方法 EditText(Context context)。

文本编辑框常用的 XML 文件元素属性：

android：editable，设置是否可编辑，其值为 true 或 false；

android：numeric，设置 TextView 只能输入数字，其参数默认值为 false；

android：password，设置密码输入，值为 true 或 false，设置为 true，即将字符显示成实心圆点；

android：phoneNumber，设置只能输入电话号码，其值为 true 或 false；

android：hint，可以在用户没有选择输入框时给予提示，这个提示要在用户输入字符后才会自动消失。

设计布局文件，如图 3.14 所示。

布局文件代码如下：

```
<LinearLayout xmlns:android="http://schemas.android.com/apk/res/android"
        xmlns:app="http://schemas.android.com/apk/res-auto"
        xmlns:tools="http://schemas.android.com/tools"
    android:layout_width="match_parent"
    android:layout_height="match_parent"
    tools:context=".EdittextActivity">
    <TextView
```

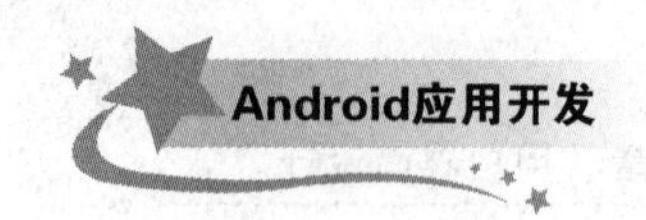


```
        android:id="@+id/tv_name"
    android:layout_width="wrap_content"
    android:layout_height="wrap_content"
    android:layout_weight="1"
            android:text="姓名" />
    <EditText
            android:id="@+id/et_name"
    android:layout_width="wrap_content"
    android:layout_height="wrap_content"
    android:layout_weight="1"
            android:autofillHints=""
    android:ems="10"
    android:hint="Name"
    android:inputType="textPersonName" />
    </LinearLayout>
```

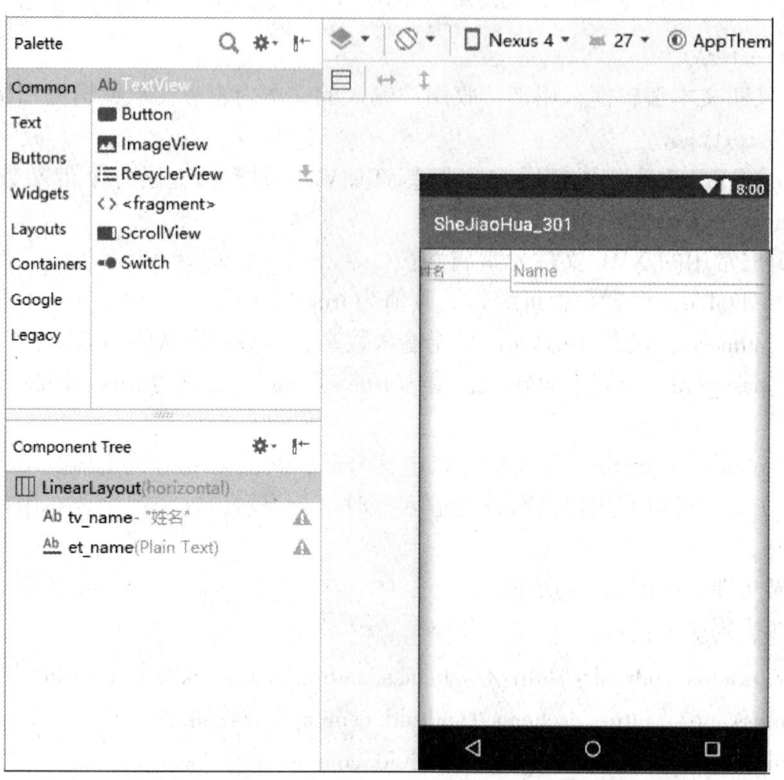

图 3.14　文本编辑框 EditText

以上代码定义了一个文本编辑框，设置了文本编辑框的宽度、高度、文本内容、编号等。其中，android：inputType="textPersonName"设置了控件的输入类型，android：ems="10"设置了控件的宽度为 10 个字符。

大家可以试试，将 android：text＝"Hello World"换成 android：hint＝"Hello World"会有什么效果呢？

3. CheckBox 与 RadioButton

（1）CheckBox。

CheckBox 又叫复选框，用于多项选择，用户可以一次性选择多个选项。复选框是按钮的子类，所以它拥有按钮的所有属性和方法。复选框的常用方法如下所示：

isChecked( )：判断选择是否被选中，被选中则返回结果 true，否则返回 false。

getText( )：获取复选框的文本内容。

新建项目设计布局文件，如图 3.15 所示。

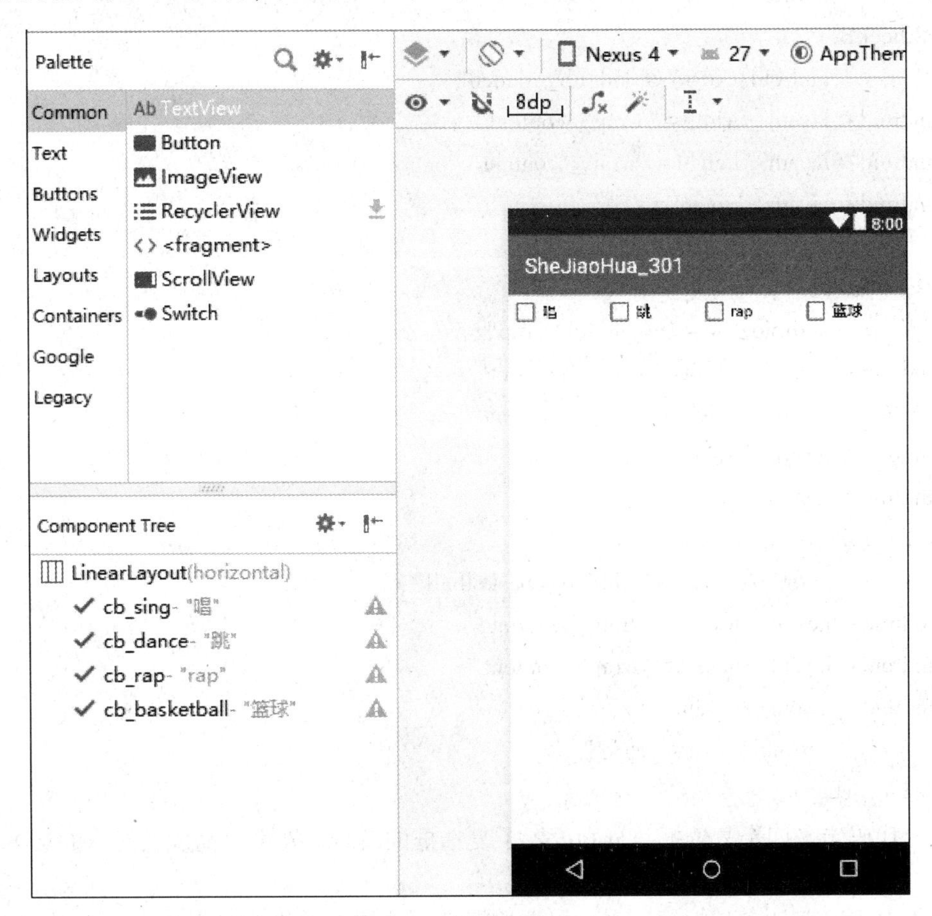

图 3.15　复选框 CheckBox

布局文件代码如下：

```
<? xml version="1.0" encoding="utf-8" ? >
    <LinearLayout
        xmlns: android="http: //schemas. android. com/apk/res/android"
        xmlns: tools="http: //schemas. android. com/tools"
        xmlns: app="http: //schemas. android. com/apk/res-auto"
```

```
android: layout_ width="match_ parent"
    android: layout_ height="match_ parent"
    tools: context=".CheckboxActivity">
    <CheckBox
            android: id="@+id/cb_ sing"
    android: layout_ width="wrap_ content"
    android: layout_ height="wrap_ content"
    android: layout_ weight="1"
            android: text="唱" />
    <CheckBox
            android: id="@+id/cb_ dance"
    android: layout_ width="wrap_ content"
    android: layout_ height="wrap_ content"
    android: layout_ weight="1"
            android: text="跳" />
    <CheckBox
            android: id="@+id/cb_ rap"
    android: layout_ width="wrap_ content"
    android: layout_ height="wrap_ content"
    android: layout_ weight="1"
    android: text="rap" />
    <CheckBox
            android: id="@+id/cb_ basketball"
    android: layout_ width="wrap_ content"
    android: layout_ height="wrap_ content"
    android: layout_ weight="1"
            android: text="篮球" />
    </LinearLayout>
```

以上代码定义四个复选框，分别设置了复选框的编号、宽度、高度及显示的文本内容。

（2）RadioButton。

RadioButton 又叫单选按钮，多个单选按钮必须放置在单选组件 RadioGroup 中才能实现单选。

单选组件 RadioGroup 由一组单选按钮 RadioButton 组成，呈垂直排列，可通过修改组件 RadioGroup 的 XML 文件属性 android：orientation="horizontal"将两个单选按钮布局成水平排列。

单选按钮 RadioButton 的常见方法如下所示：

isChecked( )；判断选项是否被选中，被选中则返回结果 true. 否则返回 false。

getText( )；获取单选按钮的文本内容。

下面，通过一个例子来体验一下。设计布局文件 activity_ radiobutton，如图 3. 16 所示。

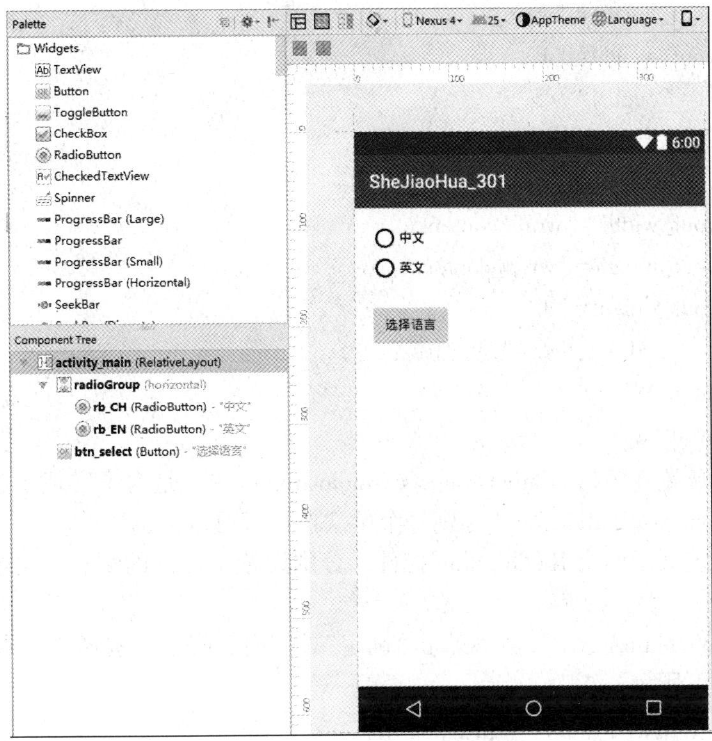

图 3. 16　单选按钮 RadioButton

布局文件代码如下所示：

```
<LinearLayout xmlns:android="http://schemas.android.com/apk/res/android"
        xmlns:app="http://schemas.android.com/apk/res-auto"
        xmlns:tools="http://schemas.android.com/tools"
    android:layout_width="match_parent"
    android:layout_height="match_parent"
    android:orientation="vertical">
    <RadioGroup
    android:layout_width="match_parent"
    android:layout_height="wrap_content">
    <RadioButton
                android:id="@+id/rb_CH"
    android:layout_width="wrap_content"
    android:layout_height="wrap_content"
    android:layout_weight="1"
                android:text="中文" />
    <RadioButton
                android:id="@+id/rb_EN"
```

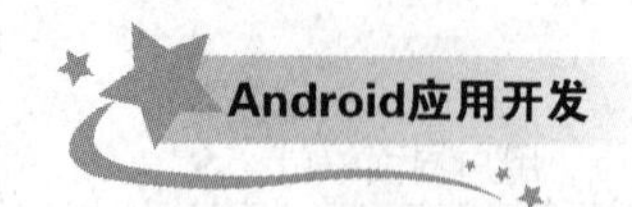


```
android:layout_width="wrap_content"
        android:layout_height="wrap_content"
        android:layout_weight="1"
        android:text="english" />
        <Button
                    android:id="@+id/btn^_select"
        android:layout_width="wrap_content"
        android:layout_height="wrap_content"
        android:layout_weight="1"
                    android:text="选择语言" />
        </RadioGroup>
        </LinearLayout>
```

将单选按钮放置在组件<RadioGroup></RadioGroup>中，是为了实现单选，如果没有放置组件<RadioGroup></RadioGroup>，则每个单选按钮都可以被选中。

单选按钮组定义了两个 RadioButton 控件，分别设置了控件的编号、文本内容、宽度及高度。

编写控件文件 MainActivity，实现点击“确定”按钮时，提示你选择的是哪个单选按钮。

具体代码如下所示：

```
public classMainActivity extends AppCompatActivity {
        RadioButton rb_CH,rb_EN;//声明单选按钮控件
        Button btn_select;//声明按钮控件
        @Override
    protected void onCreate(Bundle savedInstanceState) {
    super.onCreate(savedInstanceState);
    setContentView(R.layout.activity_radiobutton);
            rb_CH=findViewById(R.id.rb_CH);//建立关联
            rb_EN=findViewById(R.id.rb_EN);//建立关联
            btn_select=findViewById(R.id.btn_select);//建立关联
            btn_select.setOnClickListener(new View.OnClickListener() {
                @Override
    public void onClick(View view) {
    if (rb_CH.isChecked()) {
                            Toast.makeText(ToastActivity.this,"你选择的是"+rb_
CH.getText(),Toast.LENGTH_SHORT).show();//Toast.LENGTH_SHORT
                }
    if (rb_EN.isChecked()) {
                            Toast.makeText(ToastActivity.this,"你选择的是"+rb_
EN.getText(),Toast.LENGTH_LONG).show();//Toast.LENGTH_LONG
```

```
                }
            }
        });
    }
}
```

模拟器运行的界面效果如图 3.17 所示。

图 3.17　模拟器运行的单选按钮界面效果

4. ImageView

imageView 类用于显示图片的控件。

ImageView 类的常用方法有：

(1) setMaxHeight(int)，用来为图像提供最大高度。

(2) setMaxWidth(int)，用来为图像提供最大宽度。

(3) setScaleType(ImageView.ScaleType)，控制图像合适图片框大小的显示方法。

(4) setImageResource(int)，获取图像文件的路径。

图片框常用的 XML 文件元素属性：

android：maxHeight，用来为图像提供最大高度。

android：maxWidth，用来为图像提供最大宽度。

android：ScaleType，控制图像合适图片框大小的显示方法。

android：src，获取图像文件的路径。

下面，通过一个例子来体验一下。设计布局文件，如图 3.18 所示。

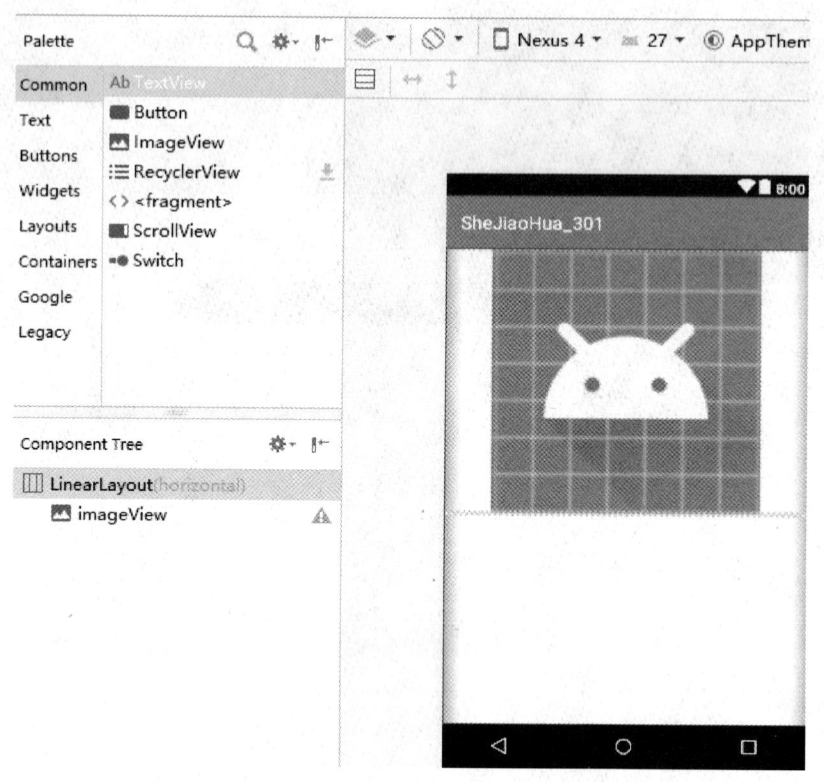

图 3. 18　图片框 imageView

布局文件代码如下：

```
<LinearLayout
        xmlns:android="http://schemas.android.com/apk/res/android"
        xmlns:tools="http://schemas.android.com/tools"
        xmlns:app="http://schemas.android.com/apk/res-auto"
    android:layout_width="match_parent"
    android:layout_height="match_parent"
    tools:context=".ImageActivity">
    <ImageView
            android:id="@+id/imageView"
    android:layout_width="0dp"
    android:layout_height="285dp"
    android:layout_weight="1"
            app:srcCompat="@mipmap/ic_launcher" />
    </LinearLayout>
```

以上代码描述了一个 ImageView 控件，设置了控件的宽度、控件的高度以及控件引用的图片路径。

5. 菜单的创建

在 Android 系统中，菜单可以分为三种，分别是选项菜单(Option Menu)、上下文菜单(ContextMenu)及子菜单(SubMenu)。因为选项菜单与子菜单的设计方法相同，这里着重介绍两种菜单，分别是选项菜单和上下文菜单。

(1) 选项菜单。

选项菜单需要通过按下设备的 Menu 键来显示。当按下设备上的 Menu 键后，屏幕底部会弹出一个菜单，这个菜单被称为选项菜单。

设计选项菜单需要用到 Activity 的 onCreateOptionMenu(Menu menu)。该方法用于创建菜单并在菜单中添加菜单项。另外，还需要用到 Activity 的 onOptionsItemSelected(MenuItem item)方法，用于响应菜单事件。

Activity 实现选项菜单常用的方法有：

onCreateOptionMenu(Menu menu)：用于初始化菜单，menu 为 Menu 对象的实例。

onOptionsItemSelected(MenuItem item)：菜单项被单击时调用，即菜单项的监听方法。

设计选项菜单需要用到 Menu、MenuItem 接口。一个 Menu 对象代表一个菜单，在 Menu 对象中可以添加菜单项(MenuItem)，也可以添加子菜单(SubMenu)。

菜单 Menu 使用 add(int groupId、int itemId、int Order、CharSequence title)方法添加一个菜单项。add( )方法中的 4 个参数的含义如表 3.6 所示。

表 3.6　add( )方法中的 4 个参数

参　数	说　明
参数一	组别，如果不分组，就写 Menu. NONE
参数二	这个参数很重要，Android 根据这个 ID 来确定不同的菜单
参数三	决定菜单项的顺序
参数四	菜单项显示的文本内容

介绍完选项菜单，接下来通过实际的案例来演示如何创建这种菜单。

(1) 创建选项菜单界面(activity_option_menu. xml)，效果如图 3.19 所示。

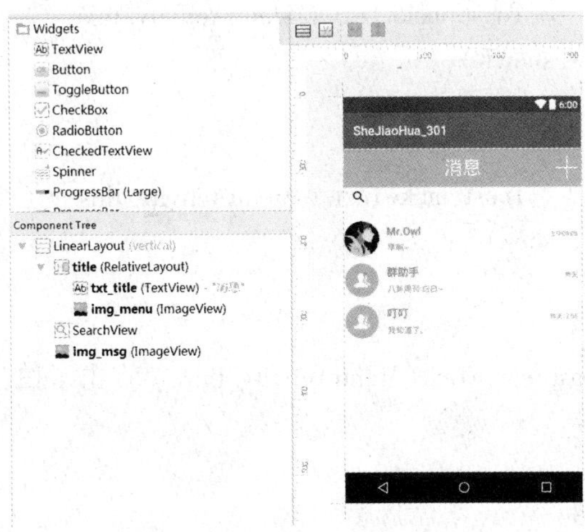

图 3.19　创建选项菜单界面

（2）重写该界面对应的Activity的onCreateOptionMenu(Menu menu)方法。当菜单第一次被打开时，调用该方法。具体代码如下：

```
//选项菜单
        @ Override
    public boolean onCreateOptionsMenu( Menu menu) {
    setIconVisible( menu) ;
                menu. add ( Menu. NONE, Menu. FIRST + 1, 1," 发 起 群 聊" ) . setIcon
( R. drawable. group) ;
                menu. add ( Menu. NONE, Menu. FIRST + 2, 2," 添 加 好 友" ) . setIcon
( R. drawable. addfriend) ;
                menu. add ( Menu. NONE, Menu. FIRST + 3, 3," 扫 一 扫" ) . setIcon
( R. drawable. qr) ;
                menu. add ( Menu. NONE, Menu. FIRST + 4, 4," 个 性 签 名" ) . setIcon
( R. drawable. sign) ;
    return true;
        }
```

其中Menu. FIRST是Android系统中封装的常量，表示菜单中ID的最小值。调用menu. add()方法用于往菜单中添加菜单项。关于add()方法中的参数详解，上面代码中的注释里有详细解读。

(3)重写Activity的onOptionsItemSelected(MenuItem item)方法。

```
//选项菜单选择事件
        @ Override
    public boolean onOptionsItemSelected( MenuItem item) {
    switch (item. getItemId( ) ) {
    case Menu. FIRST+1:
                    Toast. makeText ( MenuActivity. this, " 点 击 了 发 起 群 聊",
Toast. LENGTH_SHORT). show( ) ;
    break;
    case Menu. FIRST+2:
                    Toast. makeText ( MenuActivity. this, " 点 击 了 添 加 好 友",
Toast. LENGTH_SHORT). show( ) ;
    break;
    case Menu. FIRST+3:
                Toast. makeText( MenuActivity. this, "点击了扫一扫", Toast. LENGTH_
SHORT). show( ) ;
    break;
    case Menu. FIRST+4:
                Toast. makeText( MenuActivity. this, "点击了个性签名",
```

```
Toast. LENGTH_SHORT). show();
    break;
        }
    return super. onOptionsItemSelected(item);
    }
```

（4）因为 android4. 0 菜单已经默认 icon 是不显示的，没办法调用 setIconVisible，相关方法被设置为私有，所以只能通过反射来调用显示 icon 的方法。

```
public void setIconVisible(Menu menu){
    if (menu ! = null) {
    if (menu. getClass() = = MenuBuilder. class) {
    try {
                    Method m = menu. getClass(). getDeclaredMethod("setOptionalI-
consVisible", Boolean. TYPE);
    m. setAccessible(true);
    m. invoke(menu, true);
                } catch (Exception e) {
    e. printStackTrace();
                }
            }
        }
    }
```

关于选项菜单的运行效果图如图 3. 20 所示。

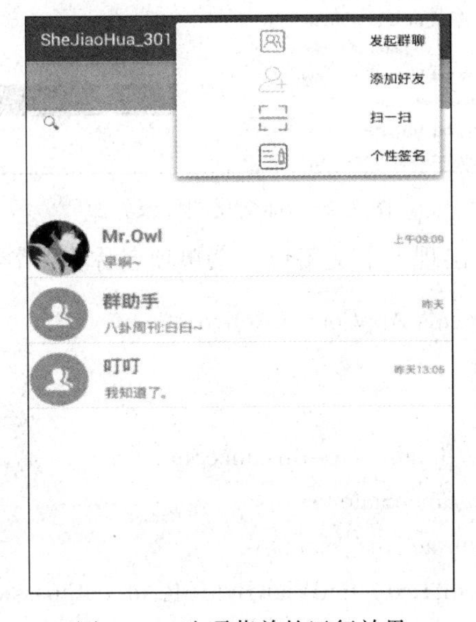

图 3. 20　选项菜单的运行效果

（2）上下文菜单。

Android 系统的上下文菜单类似于计算机上的右键菜单。当为某个视图注册了上下文菜单后，程序在模拟器运行后长按(两秒左右)对应的视图对象就会弹出一个浮动菜单，即上下文菜单。任何视图都可以注册上下文菜单，应用最多的是用于列表视图 ListView 的 item。

Activity 实现上下文菜单常用的方法有：

onCreateContextMenu（Menu menu）：用于初始化上下文菜单，menu 为 Menu 对象的实例。

onContextItemSelected（MenuItem item）：上下文的菜单项被单击时调用，即菜单项的监听方法。

在 onCreate( )中调用 registerForContextMenu( )方法为“自定义选择菜单界面”文本注册上下文菜单。

接下来，通过案例来演示如何创建这种菜单。

（1）使用社交化的登录界面，如图 3.21 所示。

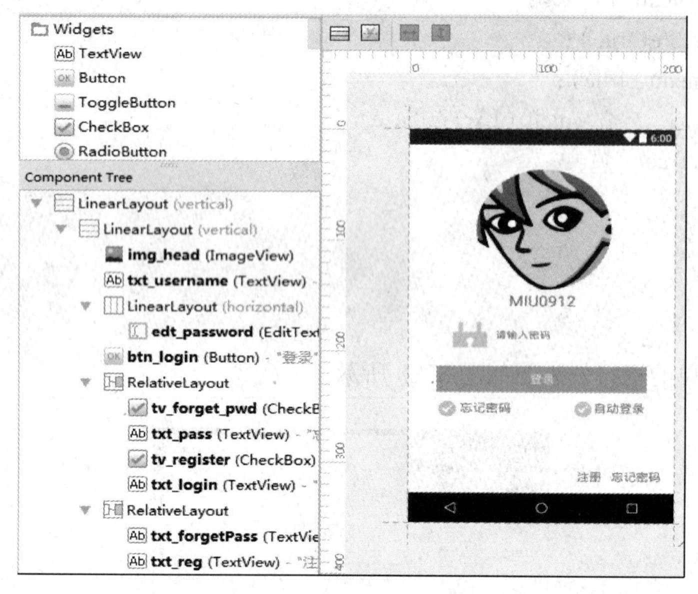

图 3.21 社交化的登录界面

（2）长按密码框控件，出现上下文菜单。菜单项名称为“清空”。具体代码如下所示：

```
public class MainActivity extends AppCompatActivity {
        EditText edt_pass;
        @ Override
    protected void onCreate( Bundle savedInstanceState) {
    super. onCreate( savedInstanceState) ;
    setContentView( R. layout. activity_main) ;
            edt_pass = (EditText) findViewById( R. id. edt_password) ;
    registerForContextMenu( edt_pass) ;
```

```
}
    @ Override
public void onCreateContextMenu ( ContextMenu menu, View v,
ContextMenu. ContextMenuInfo menuInfo) {
super. onCreateContextMenu( menu, v, menuInfo) ;
        setIconVisible( menu) ;//该方法用来设置菜单图标
          menu. add( Menu. NONE, Menu. FIRST + 1, 1, "清空"). setIcon(
                    android. R. drawable. ic_menu_delete) ;
    }
    @ Override
public boolean onContextItemSelected( MenuItem item) {
int id = item. getItemId( ) ;
switch (id) {
case Menu. FIRST+1:
                    Toast. makeText ( MainActivity. this, "执行了清空操作",
Toast. LENGTH_SHORT). show( ) ;
        }
return super. onContextItemSelected( item) ;
    }
    //使用反射机制设置 menu 图标的可见性
private void setIconVisible( Menu menu) {
try {
        Class clazz = Class. forName( "com. android. internal. view. menu. MenuBuilder") ;
        Method m = clazz. getDeclaredMethod( "setOptionalIconsVisible" ,boolean. class) ;
m. setAccessible( true) ;
m. invoke( menu, true) ;
        } catch (Exception e) {
e. printStackTrace( ) ;
        }
    }
}
```

（3）上下文菜单的运行效果如图 3. 22 所示。

6. AlertDialog 对话框

AlertDialog 是 Dialog 的一个直接子类，也是 Android 系统中最常用的对话框之一。

创建 AlertDialog 的步骤：

（1）创建 AlertDialog. Builder 对象。

（2）调用 Builder 对象的 setTitle 方法设置标题，调用 setIcon 方法设置图标。

（3）调用 Builder 相关方法（如 setMessage 方法、setItems 方法、setView 方法）设置不同类型的对话框内容。

图 3.22 上下文菜单的运行效果

（4）调用 setPositiveButton、setNegativeButton、setNeutralButton 设置多个按钮。

（5）调用 Builder 对象的 create( )方法创建 AlertDialog 对象。

（6）调用 AlertDialog 对象的 show( )方法将对话框显示出来。

例如，要实现带有三个按钮的对话框，代码如下所示：

```
public class AlertActivity extends AppCompatActivity {
    @Override
    protected void onCreate(Bundle savedInstanceState) {
    super.onCreate(savedInstanceState);
    setContentView(R.layout.activity_alert);
            //创建构建器
            AlertDialog.Builder builder = new AlertDialog.Builder(this);
            //添加按钮"是"
            builder.setTitle("请选择").setIcon(R.drawable.img_21) //设置对话框的标
题和图标
                    .setMessage("是否重新登录?")        //设置对话框要显示的内容
                    .setPositiveButton("是", new DialogInterface.OnClickListener() {
                        @Override
    public void onClick(DialogInterface dialogInterface, int i) {
                                Toast.makeText(AlertActivity.this, "您选择了是",
Toast.LENGTH_SHORT).show();
```

```
                }
            });
            //添加按钮“否”
            builder . setNegativeButton( "否", new DialogInterface. OnClickListener( ) {
        @ Override
    public void onClick( DialogInterface dialogInterface, int i) {
                Toast. makeText( AlertActivity. this, "您选择了否", Toast. LENGTH_
SHORT). show( );
                }
            });
            //添加按钮“不知道”
            builder. setNeutralButton( "不知道", new DialogInterface. OnClickListener( ) {
                @ Override
    public void onClick( DialogInterface dialogInterface, int i) {
                        Toast. makeText ( AlertActivity. this, " 您 选 择 了 不 知 道 ",
Toast. LENGTH_SHORT). show( );
                }
            });
            builder. create( ). show( );//显示对话框
        }
    }
```

AlertDialog 在模拟器运行后的效果如图 3. 23 所示。

图 3. 23　AlertDialog 在模拟器运行的效果

7. ListView 和 GridView

Android 开发中的 ListView 是比较常用的组件，它以列表的形式展示具体内容，必须和数据适配器结合使用，由适配器提供显示布局方式和数据，而数据的存储需要使用集合类对象。

(1) ListView 控件的应用。

接下来，分以下三种情况来讲解如何使用 ListView 控件及它常用的方法。

① 定义一个数组。

如 String\[\] books={"java 程序设计","SQL Server 编程","Android 程序设计"},也可以定义一个集合对象 ArrayList。

② 设置适配器。

在 Android 开发中，ListView 需要与各种适配器结合才能够使用。

适配器 ArrayAdapter 继承了适配器 Adapter，它的构造方法有多种，常用的是 public ArrayAdapter(Context context、int resource、Object\[\] objects)。其中第一个参数表示上下文对象，第二个参数是布局文件的唯一标识，这里的布局文件描述的是列表的每一行的布局。可以使用 Android 系统内置的布局方式 android. R. layout. simple_ list_ item_ 1 表示一行的文本，这个布局界面上就只有一个文本标签，默认 id 为 text1. 第三个参数为数组。

如:ArrayAdapter adapter=new ArrayAdapter(
　　　　MainActivity. this,
　　　　android. R. layout. simple_list_item_1,
books);

③ 给 ListView 设置适配器。

在布局文件上拉进 ListView 控件，在控件文件中建立关联，如 ListView listView=（ListView) findViewById(R. id. list_ books)。

接着给 ListView 设置数据适配器，通过 ListView 类的方法 public void setAdapter（ListAdapter adapter)进行设置，如 listView. setAdapter(adapter)。

④ 为 ListView 设置列表项监听器。

listView. setOnItemClickListener(new AdapterView. OnItemClickListener() {
@ Override
public void onItemClick(AdapterView<? > parent, View view, int position, long id) {
}
});

在列表项的点击事件中，参数 position 记录了被选中项的下标。可通过下标获得数组或集合中对应的元素。

完整代码如下所示：

```
public class ListActivity1 extends AppCompatActivity {
    ListView listView;
    String[\] books={"唱","跳","rap","篮球"};
    @ Override
```

```
protected void onCreate(Bundle savedInstanceState) {
    super.onCreate(savedInstanceState);
        setContentView(R.layout.activity_list1);
    listView= (ListView) findViewById(R.id.list_Book);
        ArrayAdapter adapter=new ArrayAdapter(
                ListActivity1.this,
                android.R.layout.simple_list_item_1,
    books);
    listView.setAdapter(adapter);
    listView.setOnItemClickListener(new AdapterView.OnItemClickListener() {
    @Override
    public void onItemClick(AdapterView<? > parent, View view, int position, long id) {
                String book=books[position];
                Toast.makeText(ListActivity1.this, "您选择的是:"+book, Toast.LENGTH
_SHORT).show();
            }
        });
    }}
```

在模拟器运行后，界面效果如图 3.24 所示。

SheJiaoHua_304

唱

跳

rap

篮球

您选择的是：rap

图 3.24　ListView 运行后的界面效果

（2）自定义布局文件。

① 定义一个集合对象。首先创建 HashMap，用来存储键值对的数据。再将 HashMap 存入集合对象 ArrayList 中。

如：

```
HashMap map1=new HashMap();
  map1.put("songName","一路向北");
  map1.put("singer","周杰伦")。
```

可根据项目要求定义多个 HashMap 对象。

② 设置适配器。这里要使用的适配器是 SimpleAdapter，其构造方法如下：

SimpleAdapter(Context context, List<? extends Map<String,? >> data, int resource, String[ ] from, int[ ] to)

参数 context：上下文对象。

参数 data：集合对象。

参数 resource：ListView 列表中每一项的布局文件的 id。这个布局文件可自定义，也可使用 Android 内置的布局文件。

参数 from：一个字符串数组，数组中的元素是 HashMap 中存储的键的名称。

参数 to：一个整形数组，数组中的元素是布局文件中各个控件的 id，需要与参数 from 数组中的元素对应，目的是将键对应的值显示到布局文件中对应 id 的组件上。

```
如:SimpleAdapter adapter=new SimpleAdapter(
      ListActivity2.this,
      list,
      android.R.layout.simple_list_item_2,
      new String[]{"bookName","isbn"},
      new int[]{android.R.id.text1,android.R.id.text2})
```

这里使用 Android 系统内置的布局方式 android.R.layout.simple_list_item_2，表示一行显示两条数据。这个布局界面上有两个文本标签，默认 id 为 text1 和 text2。

③ 给 ListView 设置适配器，如 listView setAdapter(adapter)。

④ 为 ListView 设置列表项监听器。

完整代码如下所示：

```
public class ListActivity2 extends AppCompatActivity {
        ListView listView;
        ArrayList list=new ArrayList();
        @Override
    protected void onCreate(Bundle savedInstanceState) {
    super.onCreate(savedInstanceState);
    setContentView(R.layout.activity_list2);
```

```
listView= (ListView) findViewById(R. id. list2);
            HashMap map1=new HashMap();
            map1. put("songName","一路向北");
            map1. put("singer","周杰伦");
            HashMap map2=new HashMap();
            map2. put("songName","半岛铁盒");
            map2. put("singer","周杰伦");
            HashMap map3=new HashMap();
            map3. put("songName","开不了口");
            map3. put("singer","周杰伦");
    list. add(map1);
    list. add(map2);
    list. add(map3);
            SimpleAdapter adapter=new SimpleAdapter(
                    ListActivity2. this,
    list,
                    android. R. layout. simple_list_item_2,
    new String[]{"songName","singer"},
    new int[]{android. R. id. text1,android. R. id. text2});
    listView. setAdapter(adapter);
    listView. setOnItemClickListener(new AdapterView. OnItemClickListener() {
        @Override
    public void onItemClick(AdapterView<? > parent, View view, int position, long id) {
                    HashMap map= (HashMap) list. get(position);
                    String songname= (String) map. get("songName");
                    String singer= (String) map. get("singer");
                    Toast. makeText(ListActivity2. this, "即将播放:"+songname+"\\n"+
singer, Toast. LENGTH_SHORT). show();
                }
            });
        }
    }
```

在模拟器运行后，界面效果如图 3. 25 所示。

图 3.25　设置列表项监听器的界面效果

（3）自定义布局文件及适配器。

① 自定义 ListView 项的布局文件。

② 自定义适配器。

a. 自定义的适配器要继承 ArrayAdapter 或着 BaseAdapter，本章的案例是以继承 ArrayAdapter 为例。ArrayAdapter 有多个构造方法重载，最常见的构造方法为 ArrayAdapter（Context context，int textViewResourceId，List<T> objects）。该构造方法有三个参数：第一个参数表示当前上下文；第二个参数表示 ListView 列表中每一项的布局文件的 id；第三个参数表示集合对象。

b. 在自定义适配器中重写 ArrayAdapter 的方法 getView( )。方法的原型如下：

```
public View getView(int position, View convertView, ViewGroup parent) {
    return null;
    }
```

该方法的第一个参数 position 表示集合对象的下标，通过遍历集合对象将集合对象的每一项数据显示到自定义布局文件对应的控件上。

③ 创建实体类。

④ 编写活动页的代码：创建存储了实体类的集合类对象，实例化自定义的适配器，给

ListView 设置适配器。

（4）GridView 控件。

GridView（网格视图）按照行、列分布的方式来显示多个组件，通常用于显示图片或图标。其用法和 ListView 控件类似，都需要通过数据适配器来提供要显示的数据。

常用的属性和方法有：

① XML 属性 android：numColumns。对应的方法 setNumColumns（int），定义了展示的列数。

② XML 属性 android：gravity。对应方法 setGravity（int），用来设置对齐方式。

③ XML 属性 android：columnWidth。对应方法 setColumnWidth（int），定义每一列的固定宽。

④ XML 属性 android：horizontalSpacing。对应方法 setHorizontalSpacing（int），定义了两列之间的水平间隔。

⑤ XML 属性 android：stretchMode。对应方法 setStretchMode（int），设置拉伸模式。可选值如下：

none：不拉伸。

spacingWidth：拉伸元素间的间隔空隙。

columnWidth：仅仅拉伸表格元素自身。

spacingWidthUniform：既拉伸元素间距又拉伸它们之间的间隔。

⑥ XML 属性 android：verticalSpacing。对应方法 setVerticalSpacing（int），定义两行之间的垂直间隔。

例如，使用 GridView 制作一行显示 2 张图片的效果，如图 3. 26 所示。

图 3. 26　使用 GridView 制作一行显示 2 张图片的效果

具体步骤：

① 创建新项目，将图片拷贝到 res/drawable 下，如图 3. 27 所示。

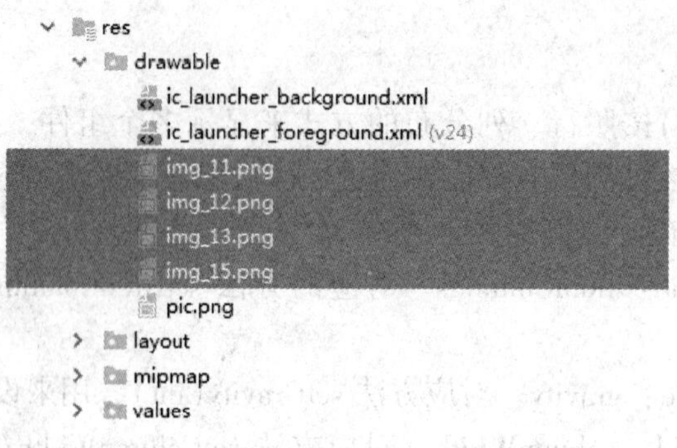

图 3.27　将图片拷贝到 res/drauable 下

② 布局文件上添加 GridView 控件，修改控件的 id 属性，设置每行显示 2 张图片，代码如下所示：

```
<RelativeLayout xmlns:android="http://schemas.android.com/apk/res/android"
        xmlns:app="http://schemas.android.com/apk/res-auto"
        xmlns:tools="http://schemas.android.com/tools"
    android:layout_width="match_parent"
    android:layout_height="match_parent"
    tools:context=".GridActivity">
    <GridView
            android:id="@+id/gd_show"
    android:layout_width="368dp"
    android:layout_height="495dp"
    android:numColumns="2"
    android:horizontalSpacing="20dp"
            />
    </RelativeLayout>
```

③ 自定义项的布局文件 layout_ item. xml，界面效果如图 3.28 所示。

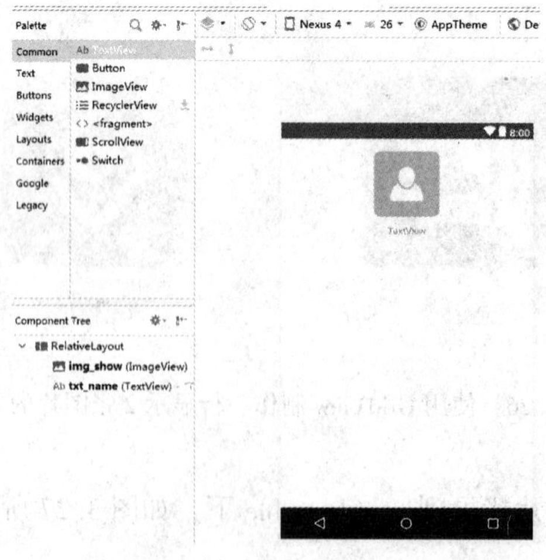

图 3.28　自定义项的布局文件

④ 编写活动页代码，具体代码如下：

```
public class GridActivity extends AppCompatActivity {
        GridView gridView;
        ArrayList list=new ArrayList();
        @Override
    protected void onCreate(Bundle savedInstanceState) {
    super.onCreate(savedInstanceState);
    setContentView(R.layout.activity_grid);
    gridView=(GridView) findViewById(R.id.gd_show);
            HashMap map1=new HashMap();
    map1.put("pic",R.drawable.img_11);
            map1.put("name","新的好友");
            HashMap map2=new HashMap();
    map2.put("pic",R.drawable.img_12);
            map2.put("name","群聊");
            HashMap map3=new HashMap();
    map3.put("pic",R.drawable.img_13);
            map3.put("name","通讯录");
            HashMap map4=new HashMap();
    map4.put("pic",R.drawable.img_15);
            map4.put("name","位置");
    list.add(map1);
    list.add(map2);
    list.add(map3);
    list.add(map4);
            SimpleAdapter adapter=new SimpleAdapter(
                    GridActivity.this,
    list,
                    R.layout.layout_item,
    new String\[\]{"pic","name"},
    new int\[\]{R.id.img_show,R.id.txt_name});
    gridView.setAdapter(adapter);
        }
    }
```

三、任务实施

以上述自定义布局文件和适配器+ListView 为例实现社交化的“消息”界面，新建项目 SheJiaoHua_ 304。

（1）自定义 ListView 项的布局文件 layout_ item. xml，界面效果如图 3. 29 所示。

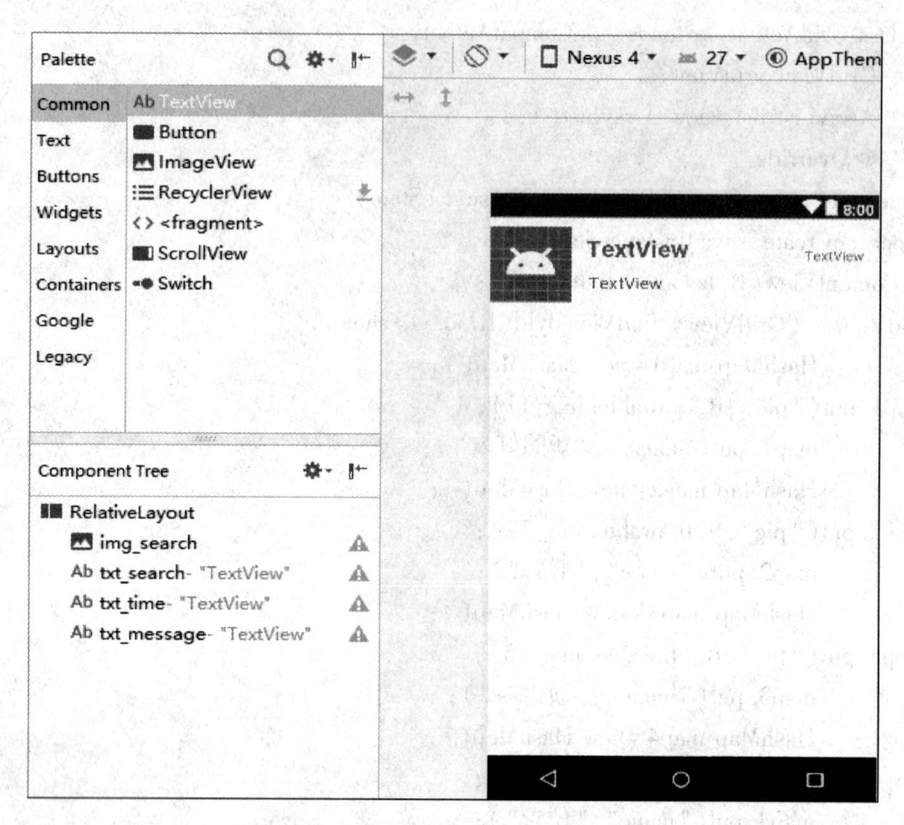

图 3. 29　自定义 ListView 项的布局文件

对应的 XML 文件的代码如下所示：

```
<? xml version="1. 0" encoding="utf-8"? >
  <RelativeLayout xmlns:android="http://schemas. android. com/apk/res/android"
      xmlns:app="http://schemas. android. com/apk/res-auto"
  android:layout_width="match_parent"
  android:layout_height="match_parent">

  <ImageView
          android:id="@ +id/img_search"
  android:layout_width="80dp"
  android:layout_height="80dp"
          android:layout_alignTop="@ +id/txt_search"
  android:layout_alignParentStart="true"
  android:layout_marginStart="0dp"
  android:layout_marginTop="-7dp"
          app:srcCompat="@ mipmap/ic_launcher" />
```

```
<TextView
            android:id="@+id/txt_search"
    android:layout_width="wrap_content"
    android:layout_height="wrap_content"
    android:layout_alignParentStart="true"
    android:layout_alignParentLeft="true"
    android:layout_alignParentTop="true"
    android:layout_marginStart="95dp"
    android:layout_marginLeft="95dp"
    android:layout_marginTop="16dp"
    android:text="TextView"
    android:textSize="24sp"
    android:textStyle="bold" />

    <TextView
            android:id="@+id/txt_time"
    android:layout_width="wrap_content"
    android:layout_height="wrap_content"
            android:layout_alignBottom="@+id/txt_search"
    android:layout_alignParentEnd="true"
    android:layout_alignParentRight="true"
    android:layout_marginEnd="15dp"
    android:layout_marginRight="15dp"
    android:text="TextView" />
    <TextView
            android:id="@+id/txt_message"
    android:layout_width="wrap_content"
    android:layout_height="wrap_content"
            android:layout_alignStart="@+id/txt_search"
    android:layout_alignParentTop="true"
    android:layout_marginStart="2dp"
    android:layout_marginTop="56dp"
    android:text="TextView"
    android:textSize="18sp" />
    </RelativeLayout>
```

接下来布局主界面 activity_ contact. xml，往界面上添加 ListView 控件。界面效果如图 3. 30所示。

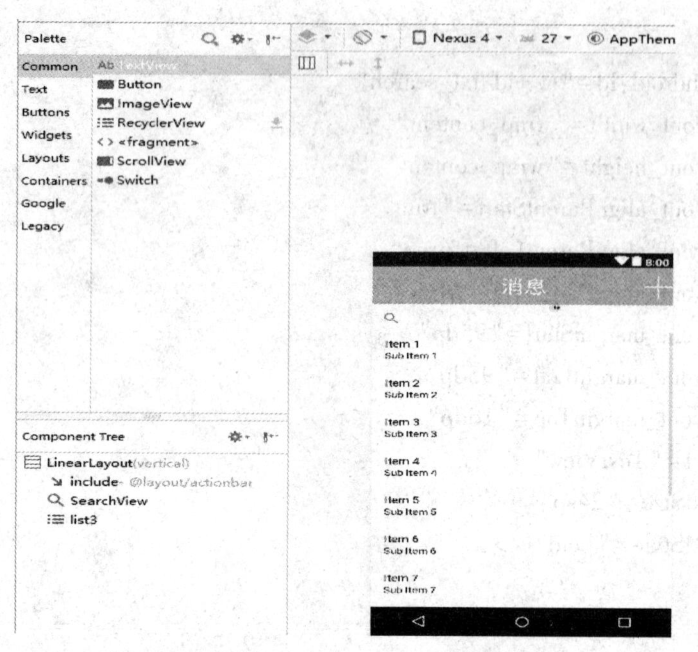

图 3.30　添加 ListView 控件的界面效果

接着将项目需要用到的图片拷贝到 res/drawable 文件夹下。

(2) 创建自定义适配器。

先定义实体类，从图 3.30 可以看出，ListView 每行要显示一张图片和一行文本。将图片的 id 及文本内容作为实体类 Contacts 的属性，为它们设置 setter 和 getter 方法，并添加带参的构造函数。实体类 Contacts 的代码如下所示：

```
public class Contacts {
    private Integer imageId;
    private String name;
    private String message;
    private String time;

    public Contacts() {
    }

    public Contacts(Integer imageId, String name, String message, String time) {
            this.imageId = imageId;
            this.name = name;
            this.message = message;
            this.time = time;
    }
```

```
public String getTime( ) {
    return time;
        }

    public void setTime( String time) {
            this. time = time;
        }

    public Integer getImageId( ) {
    return imageId;
        }

    public void setImageId( Integer imageId) {
            this. imageId = imageId;
        }

    public String getName( ) {
    return name;
        }

    public void setName( String name) {
            this. name = name;
        }

    public String getMessage( ) {
    return message;
        }

    public void setMessage( String message) {
            this. message = message;
        }

        @ Override
    public String toString( ) {
    return "Contacts{" +                    "imageId=" + imageId +
                "', name='" + name + '\\'' +
```

```
            '}';
        }
    }
```

接下来，创建适配器 ContactsAdapter，继承 ArrayAdapter。具体代码如下所示：

```
public class ContactsAdapter extends ArrayAdapter {
    public ContactsAdapter(Context context, int resource,List objects) {
    super(context, resource, objects);
        }

        @NonNull
        @Override
    public View getView(int position, View convertView, ViewGroup parent) {
    if (convertView == null) {
    convertView= LayoutInflater.from(getContext()).inflate(R.layout.layout_item,null);
            }
            Contacts contacts= (Contacts) getItem(position);
            ImageViewimg=(ImageView)convertView.findViewById(R.id.img_search);
            TextViewtxt= (TextView) convertView.findViewById(R.id.txt_search);
            TextViewtxtTel= (TextView) convertView.findViewById(R.id.txt_message);
            TextViewtxtTime= (TextView) convertView.findViewById(R.id.txt_time);
            img.setImageResource(contacts.getImageId());
            txt.setText(contacts.getName());
            txtTel.setText(contacts.getMessage());
            txtTime.setText(contacts.getTime());
            return convertView;
        }
    }
```

从代码中可以看出，自定义适配器 ContactsAdapter 中重写了父类的 getView 方法。在该方法中，想要获得 View 的实例，需要通过 LayoutInflater. from(getContext( )). inflate( )方法获得。Inflate( )方法有两个参数：第一个参数放置布局文件，第二个参数默认为空。

通过 getItem 方法，将集合对象中的数据一个个读取出来，接着将布局文件中的各个组件通过 findViewById( )方法实例化，再将数据对应到各个组件上。

（3）定义一个集合对象，给 ListView 设置适配器，为 ListView 设置列表项监听器。

编写控件文件 ContactsActivity，具体代码如下所示：

```
public class ContactsActivityextends AppCompatActivity {
        ListView listView;
        List list;
```

```
@ Override
protected void onCreate( Bundle savedInstanceState) {
super. onCreate( savedInstanceState) ;
setContentView( R. layout. activity_contact) ;
            listView= (ListView) findViewById( R. id. list3) ;//建立关联
            //实例化 Contacts 对象
            final Contacts contacts1 = new Contacts( R. drawable. a," Mr. Owl" ," 早啊 ~ " ,"
上午 09:09" ) ;
            final Contacts contacts2 = new Contacts( R. drawable. c," 群助手" ," 八卦周刊:
白白 ~ " ," 昨天" ) ;
            final Contacts contacts3 = new Contacts( R. drawable. b," 叮叮" ," 我知道了。" ,"
昨天 13:05" ) ;
            list = new ArrayList( ) ;//创建集合对象
            / *
添加 Contacts 对象
              * /
list. add( contacts1) ;
list. add( contacts2) ;
list. add( contacts3) ;
//实例化自定义适配器
ContactsAdapteradapter = new ContactsAdapter( ListActivity3. this,R. layout. activity_search,
list) ;           listView. setAdapter( adapter) ;//给 ListView 设置适配器
            //为 ListView 设置列表项监听器
listView. setOnItemClickListener( new AdapterView. OnItemClickListener( ) {
                @ Override
public void onItemClick( AdapterView<? > parent, View view, int position, long id) {
                    Contacts contacts= (Contacts) list. get( position) ;
                          Toast. makeText ( ListActivity3. this, " 你 选 择 的 是:" +
contacts. getName( ) , Toast. LENGTH_SHORT) . show( ) ;
                }
            }) ;
    }
}
```

(4) 运行。

在模拟器中运行，效果如图 3. 31 所示。

图 3.31　在模拟器中，ListView 的运行效果

本章小结

本章介绍了 6 种布局方式，其中约束布局和相对布局都是现在比较流行的布局方式。本章还介绍了一些界面组件，其中 ListView 在实际应用开发中是频繁被使用的组件，要熟练掌握。学完 ListView，大家可以试着学习 ExpandableListView 二级列表组件。

习　题

(1) 自选布局方式，实现 QQ 登录窗体的效果，如图 3.32 所示。

图 3.32　QQ 登录窗体

(2) 使用自定义布局文件和自定义数据适配器的方式，实现如图 3.33 所示的效果。

图 3.33　习题(2)图例

第四章　组件通信

知识点

(1) Activity 的概念、生命周期和启动模式。
(2) Activity 的创建及其应用。
(3) 使用 Intent 传递数据。

能力点

(1) 理解 Activity。
(2) Activity 的生命周期。
(3) 掌握 Activity 的创建及其应用。
(4) 理解显示意图和隐式意图。
(5) 掌握使用 Intent 传递数据。

任务描述

在实际开发中，在使用 App 时，能在注册页面选择头像时进入图库选择图片后，返回到注册页面并带回图片选择页面的图片信息。

任务一　Activity

一、任务分析

“任务描述”中的任务需要进行 Activity 切换，所以我们先来认识怎么创建和配置Activity。

二、相关知识

Activity 提供了和用户交互的可视化界面。一个应用程序一般会包含若干个 Activity，每一个 Activity 组件负责一个用户界面的展现。Activity 是 Android 四大组件中最常用的一个。在使用 Activity 时，需要先创建和配置它。

1. 创建 Activity

在创建 Android 项目时，系统会自动创建一个默认的 Activity。代码如下：

```
public class MainActivity extends AppCompatActivity{
@ Override
protected void onCreate( Bundle savedInstanceState) {
        super. onCreate( savedInstanceState) ;
        setContentView( R. layout. activity_main) ;
}
}
```

代码中 MainActivity 继承自 AppCompatActivity 类，此类是 Activity 的子类，是谷歌最新推荐使用的自带标题的 Activity。

代码第 3 行重写父类的方法 onCreate(　　)，一个 Activity 启动调用的第一个方法就是 onCreate(　　)，它主要做这个 Activity 启动时一些必要的初始化工作，并且在该方法中调用 setContentView(　　)设置要显示的视图。

如果要手动创建 Activity，那么第一步便是创建一个新类，以继承 android. app 包中的 Activity 类或者 Activity 的子类。第二步，重写需要的回调方法，如 onCreate(　　)是必须重写的，其他的回调方法根据需要再重写。

2. 配置 Activity

Activity 作为 Android 四大组件之一，创建后，需要在 AndroidManifest. xml 文件中进行声明，具体做法是在<application></application>标记中添加，或在<activity></activity>中标记。

例如：

```
<activity android:name=". MainActivity">
</activity>
```

其中 android：name 属性用于指定对应的 Activity 实现类，属性值可以是完整的类名，也可以直接写“.”号加类名。

如果要将该 Activity 作为项目的启动页，那么需要为 Activity 增加意图过滤器，在配置文件中使用<intent-filter>标记指定。

例如：

```
<activity android:name=". MainActivity">
<intent-filter>
<action android:name="android. intent. action. MAIN"/>
<category android:name="android. intent. category. LAUNCHER"/>
</intent-filter>
</activity>
```

3. Activity 的状态及生命周期

Activity 的生命周期就是一个对象从创建到销毁的过程，每一个对象都有自己的生命周期。同样，Activity 也具有相应的生命周期。Activity 的生命周期中分为三种状态，分别是 Running 状态、Paused 状态、Stopped 状态和 Killed 状态。

接下来，将针对 Activity 生命周期的四种状态进行详细的讲解。

（1）Running 状态。当 Activity 在屏幕的最前端时，它处于可见并可与用户交互的激活状态。

（2）Paused 状态。Paused 状态下的 Activit 失去了焦点，但是仍在活动着，只是不能与用户交互。当系统内存不足时，这个 Activity 很容易被系统 kill。

（3）Stopped 状态。当 Activity 完全不可见时，它就处于 Stopped 状态，但仍然保留着当前状态和成员信息，然而这些对用户来说都是不可见的。当系统内存不足时，这个 Activity 很容易被系统 kill。

（4）Killed 状态。在 Activity 被启动前，或者在 Activity 处于 Paused 状态或 Stopped 状态时，系统需要将 Activity 清理出内存并命令其 kill 进程，这时 Activity 进入 Killed 状态，Activity 已从 Activity 栈中被移除并且不可见。

Activity 从一种状态转变到另一种状态时会触发一些事件，执行一些回调方法来通知状态的变化，具体方法如下：

onCreate(Bundle savedInstanceState)：当 Activity 被创建时调用，一般做初如化工作。

onStart( )：当 Activity 变成可见后立即调用。

onRestart( )：在 Activity 由停止状态变为运行状态之前调用，也就是活动被重新启动了。

onResume( )：当活动位于返回栈的栈顶时，立即调用该方法。这时 Activit 获得输入焦点。

onPause( )：这个方法在系统准备启动或者恢复另一个 Activity 的时候调用。

onStop( )：在 Activity 完全不可见的时候调用。

onDestroy( )：在 Activity 被销毁之前调用，之后 Activity 的状态将变为销毁状态。

三、任务实施

创建两个 Activity，分别是 FirstActivity 和 SecondActivity。

FirstActivity 对应的布局文件是 activity_first. xml。activity_first. xml 界面布局效果如图 4. 1所示。

SecondActivity 对应的布局文件是 activity_second. xml。activity_second. xml 界面布局效果如图 4. 2 所示。

图 4.1　activity_first. xml 界面布局效果

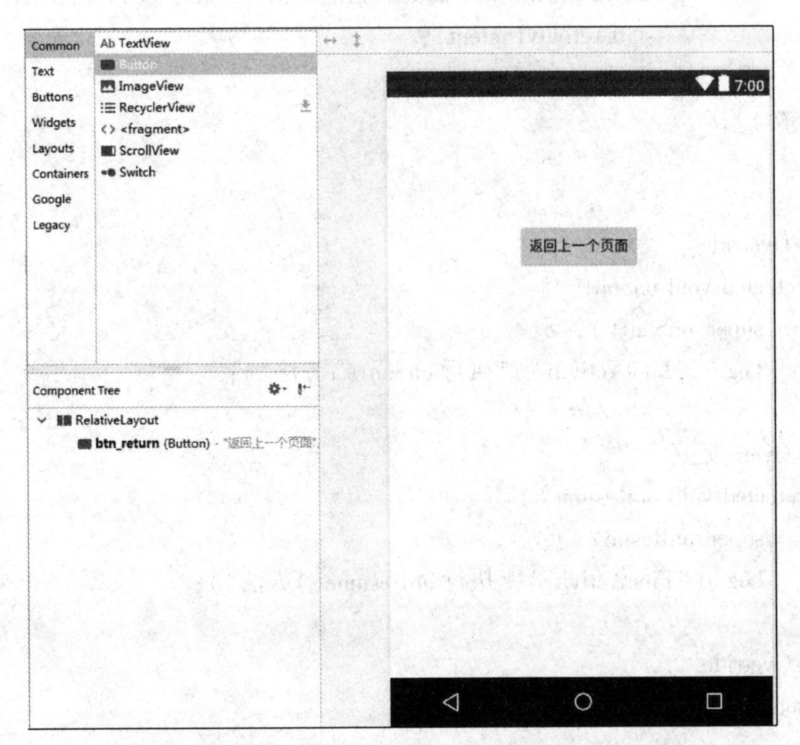

图 4.2　activity_second. xml 界面布局效果

FirstActivity. java 中的代码如下：

```
public class FirstActivity extends AppCompatActivity{
        Button btn_change,btn_close;
        @ Override
        protected void onCreate(Bundle savedInstanceState){
            super. onCreate(savedInstanceState);
            setContentView(R. layout. activity_first);
            btn_change=(Button)findViewById(R. id. btn_change);
            btn_close=(Button)findViewById(R. id. btn_close);
            btn_close. setOnClickListener(new View. OnClickListener(){
                @ Override
                public void onClick(View v){
                    finish();//关闭当前页面
                }
            });
            btn_change. setOnClickListener(new View. OnClickListener(){
                @ Override
                public void onClick(View v){
                  //页面跳转到 SecondActivity 活动页
                    Intent intent=new Intent(FirstActivity. this,SecondActivity. class);
                    startActivity(intent);
                }
            });
        }

        @ Override
        protected void onStart(){
            super. onStart();
            Log. i("FirstActivity","执行 onStart()方法");
        }
        @ Override
        protected void onResume(){
            super. onResume();
            Log. i("FirstActivity","执行 onResume()方法");
        }
        @ Override
        protected void onRestart(){
            super. onRestart();
```

```
        Log.i("FirstActivity","执行 onRestart()方法");
    }
    @Override
    protected void onPause(){
        super.onPause();
        Log.i("FirstActivity","执行 onPause()方法");
    }

    @Override
    protected void onDestroy(){
        super.onDestroy();
        Log.i("FirstActivity","执行 onDestroy()方法");
    }
}
```

启动项目，观察 Logcat，当运行 FirstActivity 时，依次输出了 onCreate(　　)、onStart(　　)、onResume(　　)。这个顺序是第一个 Activity 从创建到显示在前台的过程，如图 4.3 所示。

```
10-25 15:52:06.910 1613-1613/? I/FirstActivity: 执行onCreate()方法
    执行onStart()方法
    执行onResume()方法
```

图 4.3　第一个 Activity 从创建到显示在前台的过程

接着，单击"进入下一个页面"按钮时，启动了 SecondActivity。当从第一个界面跳转到第二个界面时，FirstActivity 执行了哪些方法呢？如图 4.4 所示：

```
10-25 15:52:06.910 1613-1613/? I/FirstActivity: 执行onCreate()方法
    执行onStart()方法
    执行onResume()方法
10-25 15:52:12.470 1613-1613/cn.shejiaohua.chapter4 I/FirstActivity: 执行onPause()方法
```

图 4.4　FirstActivity 执行的方法

FirstActivity 首先失去焦点执行了 onPause(　　)方法

接着从 SecondActivity 返回 FirstActivity，并关闭 SecondActivity。SecondActivity.java 中的代码如下：

```
public class SecondActivity extends AppCompatActivity{
    Button btn_return;
    @Override
    protected void onCreate(Bundle savedInstanceState){
```

```
        super.onCreate(savedInstanceState);
            setContentView(R.layout.activity_second);
            btn_return = (Button)findViewById(R.id.btn_return);
            btn_return.setOnClickListener(new View.OnClickListener(){
                @Override
                public void onClick(View v){
                    //页面返回 FirstActivity 活动页
                    Intent intent=new Intent(SecondActivity.this,FirstActivity.class);
                    startActivity(intent);
                    finish();//关闭当前页面 SecondActivity
                }
            });
        }
    }
```

再次观察从 SecondActivity 返回到 FirstActivity 时的 FirstActivity 生命周期执行情况，如图 4.5 所示。从图 4.5 中可以看出，当从 SecondActivity 返回到 FirstActivity 时，FirstActivity 执行了 onCreate( )、onStart( )、onResume( )。

```
10-25 15:52:06.910 1613-1613/? I/FirstActivity: 执行onCreate()方法
    执行onStart()方法
    执行onResume()方法
10-25 15:52:12.470 1613-1613/cn.shejiaohua.chapter4 I/FirstActivity: 执行onPause()方法
10-25 15:54:28.880 1613-1613/cn.shejiaohua.chapter4 I/FirstActivity: 执行onCreate()方法
    执行onStart()方法
    执行onResume()方法
```

图 4.5　FirstActivity 生命周期执行情况

接着，单击 FirstActivity 的“btn_close”按钮，关闭当前页面，执行了如图 4.6 所示的方法。

```
10-25 15:52:06.910 1613-1613/? I/FirstActivity: 执行onCreate()方法
    执行onStart()方法
    执行onResume()方法
10-25 15:52:12.470 1613-1613/cn.shejiaohua.chapter4 I/FirstActivity: 执行onPause()方法
10-25 15:54:28.880 1613-1613/cn.shejiaohua.chapter4 I/FirstActivity: 执行onCreate()方法
    执行onStart()方法
    执行onResume()方法
10-25 15:55:32.570 1613-1613/cn.shejiaohua.chapter4 I/FirstActivity: 执行onPause()方法
10-25 15:55:32.580 1613-1613/cn.shejiaohua.chapter4 I/FirstActivity: 执行onRestart()方法
    执行onStart()方法
    执行onResume()方法
10-25 15:55:33.050 1613-1613/cn.shejiaohua.chapter4 I/FirstActivity: 执行onDestroy()方法
```

图 4.6　单击“btn_close”按钮后的执行情况

任务二　Activity 间的数据交互

一、任务分析

“任务描述”中的任务涉及活动之间如何进行通信，这就需要使用 Intent 来完成界面之间的跳转和数据传递。

本节主要介绍两个 Activity 之间是如何实现跳转、数据交互的。通过本次任务，读者将掌握 Intent 类的概念及其应用、显示意图和隐式意图的概念及其应用。

二、相关知识

Intent 的中文意思是意图，在 Android 系统中，它是各组件之间进行交互的一种方式。它不仅可以指明当前组件想要执行的动作，还可以在不同组件之间传递数据。Intent 用于启动 Activity、启动服务、发送广播等，承担了 Android 应用程序三大核心组件间相互通信的功能。这里，我们将使用 Intent 来启动 Activity，实现不同 Activity 之间的跳转和数据交互。Intent 的用法可以分为两种，一种是显式意图，一种是隐式意图。以下分别对这两种意图进行详细讲解。

1. 显示意图

显示意图是通过 Intent 启动 Activity 时，需要明确指定激活组件的名称。在程序中，如果需要在本应用中启动其他 Activity 时，可以使用显示意图来启动 Activity。

例如：

```
Intent intent=new Intent(LoginActivity.this,MsgActivity.class);//创建 Intent 对象
startActivity(intent);//启动 Activity
```

在上面的代码中，我们通过 Intent 类的构造方法来创建 Intent 对象。构造方法有两个参数：第一个参数 Context 要求提供一个启动 Activity 的上下文，第二个参数 Class 是指定要启动的目标 Activity。

不仅可以利用 Intent 来启动 Activity，还可以用它来传递数据。常用的方法有以下几种：

（1）通过 Intent 直接传递数据，即通过 Intent 的 putExtra(　　)方法传递数据。putExtra(　　)方法接收两个参数：第一个参数是键，用于后面从 Intent 中取值；第二个参数才是真正要传递的数据。

例如：

```
Intent intent=new Intent(RegisterActivity.this,LoginActivity.class);
intent.putExtra("phone",edt_phone.getText().toString());
startActivity(intent);
```

跳转后的页面通过 getXXXExtra(　　)方法来获取上一个页面传递过来的值，这里的 XXX 指的是不同的数据类型。

例如:

```
Intent intent=getIntent();
String phone=intent.getStringExtra("phone");
```

此处，传递的是字符串，所以使用 getStringExtra(　　)方法来获取传递的数据；如果传递的是整型数据，则使用 getIntExtra(　　)方法；如果传递的是布尔型数据，则使用 getBooleanExtra(　　)方法。以此类推。

(2) 通过 Bundle 对象捆绑数据。先通过 Bundle 对象捆绑好数据，再调用 Intent.putExtras(　　)方法将 Bundle 对象传递到另一个 Activity。

例如:

```
Intent intent=new Intent(RegisterActivity.this,LoginActivity.class);
Bundle bundle=new Bundle();
bundle.putString("phone",edt_phone.getText().toString());
intent.putExtras(bundle);
```

先通过 Intent.getExtras(　　)方法获取 Bundle 对象，然后从 Bundle 中通过键获得数据。

例如:

```
Intent intent=getIntent();
Bundle bundle=intent.getExtras();
String phone=bundle.getString("phone");
```

如果要将数据封装在实体类中，再通过 Intent 的 putExtra(　　)方法传递实体类，那就需要序列化实体类。序列化实体类，即创建的实体类要实现 Serializable 接口。

例如:

```
public  class  Phone  implements Serializable{
    private String phone;
    public String getPhone(){
        return phone;
    }
    public Phone(String phone){
        this.phone=phone;
    }
}
```

序列化后的实体类才能通过意图进行传递。具体代码如下所示:

```
Intent intent=new Intent(RegisterActivity.this,LoginActivity.class);
    Phone phone=new Phone(edt_phone.getText().toString());
    intent  putExtra("phoneEntity",phone);
    startActivity(intent);
```

取值的代码如下所示:

```
Intent intent=getIntent();
```

```
Phone　phone=(Phone) intent.getSerializableExtra("phoneEntity");
    String　myPhone=phone.getPhone();
```

2. 数据回传

通过前面的学习，知道如何传递数据给下一个活动。那么反过来，如何回传数据给上一个活动呢？这里将通过调用 Android 提供的一个方法 startActivityForResult( )，来实现数据回传。

假设这里有两个界面，分别是 FirstActivity 和 SecondActivity，那以 FirstActivity 跳转至 SecondActivity 的具体代码如下：

```
Intent intent=new Intent(FirstActivity.this,SecondActivity.class);
    startActivityForResult(intent,1);
```

在上述示例代码中，startActivityForResult( )方法接收两个参数：第一个参数是 Intent；第二个参数是请求码，用于判断数据的来源。

接下来，在 SecondActivity 中添加数据并回传给 FirstActivity 的示例代码，代码如下：

```
Intent intent=new Intent();
    intent.putExtra("phone","13888888888");
    setResult(1,intent);
    finish();
```

在上面的代码中，setResult( )方法接收两个参数：第一个参数 resultCode 结果码，一般使用整数，例如 0 或 1；第二个参数则是把带有数据的 Intent 传递回去，最后调用 finish( )方法销毁当前 Activity。

由于前面使用了 startActivityForResult( )方法启动 SecondActivity，因此在 FirstActivity 回调 onActivityResult( )方法时，只需在 FirstActivity 中重写 onActivityResult( )方法，具体如下：

```
protected void onActivityResult(int requestCode,int resultCode,Intent data){
    super.onActivityResult(requestCode,resultcode,data);
      if(resultCode==1)
        String data=data.getStringExtra("phone");
      }
    }
```

通过以上代码，实现了数据回传的功能。onActivityResult( )方法中有三个参数：第一个参数 requestCode，表示在启动 Activity 时传递的请求码；第二个参数 resultCode，表示在返回数据时传入结果码；第三个参数 data，表示携带返回数据的 Intent。

3. 隐式意图

没有明确指定组件名的 Intent 称为隐式意图。Android 系统会根据隐式意图中设置的动作(action)、类别(category)、数据(Uri 和数据类型)找到合适的组件来启动。具体代码如下：

```
<activity android:name="cn.shejiaohua.chapter4.MsgActivity">
    <intent-filter>
```

```
<action android:name="com.test"/>
    <category android:name="android.intent.category.DEFAULT"/>
    </intent-filter>
    </activity>
```

在上面的代码中，<action>标签为我们指明了当前活动 Activity 的动作为“com. test”，而<category>标签则包含了一些类别信息。只有<action>和<category>中的内容同时能够匹配时，这个 Activity 才会被开启。

使用隐式意图开启 Activity 的示例代码如下所示：

```
Intent intent=new Intent();
    intent.setAction("com.test");//设置动作和清单文件中 Activity 的动作名称一样
    startActivity(intent);
    或者
```

```
Intent intent=new Intent("com.test");
startActivity(intent);
```

代码中的 Intent 指定了 setAction(“com. test”)这个动作，但是并没有指定 category，这是因为清单文件中配置的“android. intent. category. DEFAULT”是一种默认的 category，在调用 startActivity(　　)方法时，会自动将这个 category 添加到 Intent 中，这样<action>和<category>中的内容同时匹配，这个 Activity 就可以被启动了。

隐式 Intent 除了能开启活动页，还有很重要的功能，即能够启动 Android 系统内置的活动，如调用拨号面板、打电话、发短信及打开相册等。

例如：

调用拨号面板：

```
intent.setAction(Intent.ACTION_DIAL);
intent.setData(Uri.parse("tel:13888888888"));
```

打电话：

```
intent.setAction(Intent.ACTION_CALL);
intent.setData(Uri.parse("tel:13888888888"));
```

打电话得在清单文件中添加相应权限：

```
<uses-permission android:name="android.permission.CALL_PHONE"/>
```

发短信：

```
intent.setAction(Intent.ACTION_SENDTO);
intent.setData(Uri.parse("smsto:13888888888"));
intent.putExtra("sms_body","您好!");
```

调用拨号面板的代码首先指定了 Intent 的动作是 Intent. ACTION_VIEW。这是一个 Android 系统内置的动作，其值为 Intent. ACTION_DIAL。

setData(　　)用来接收 Uri 对象，用于指定当前 Intent 正在操作的数据，而这些数据通常都是以字符串的形式传入到 Uri. parse(　　)方法中解析产生的。

三、任务实施

案例：MainActivity 页面进入图片选择页面（ImgActivity）选择图片后，会回到 MainActivity 页面并带回图片选择页面的图片信息。

（1）MainActivity 页面对应的布局文件 activity_main. xml，界面效果如图 4. 7 所示。

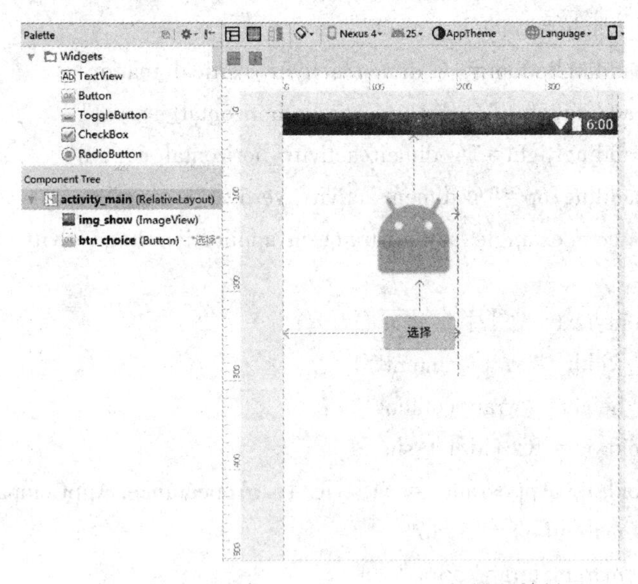

图 4. 7　布局文件 activity_main. xml 的界面效果

ImgActivity 页面对应的布局文件 activity_img. xml，界面效果如图 4. 8 所示。

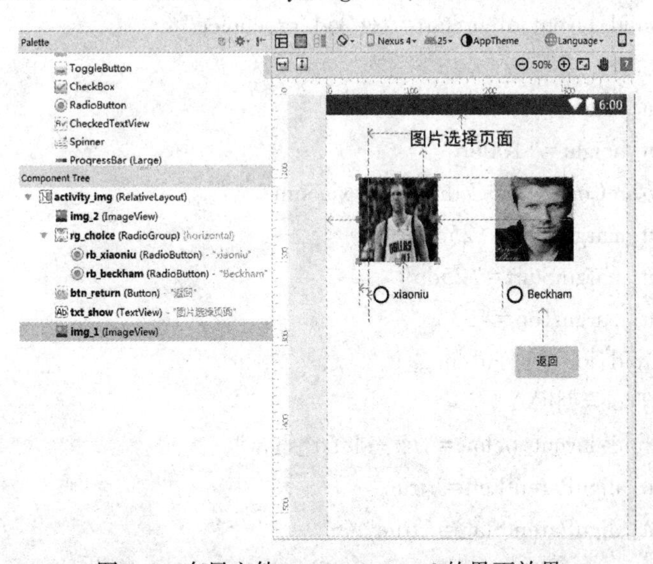

图 4. 8　布局文件 activity_img. xml 的界面效果

activity_img. xml 文件的代码：

```
<? xml version="1.0" encoding="utf-8"? >
```

```
<RelativeLayout xmlns:android="http://schemas.android.com/apk/res/android"
        xmlns:app="http://schemas.android.com/apk/res-auto"
        xmlns:tools="http://schemas.android.com/tools"
        android:id="@+id/activity_img"
    android:layout_width="match_parent"
    android:layout_height="match_parent"
        android:paddingBottom="@dimen/activity_vertical_margin"
        android:paddingLeft="@dimen/activity_horizontal_margin"
        android:paddingRight="@dimen/activity_horizontal_margin"
        android:paddingTop="@dimen/activity_vertical_margin"
    tools:context="com.example.administrator.myapplication.ImgActivity">
    <TextView
            android:text="图片选择页面"
    android:layout_width="wrap_content"
    android:layout_height="wrap_content"
            android:id="@+id/txt_show"
            android:textAppearance="@style/TextAppearance.AppCompat.Large"
    android:layout_marginLeft="53dp"
    android:layout_marginStart="53dp"
    android:layout_alignParentTop="true"
            android:layout_alignLeft="@+id/rg_choice"
            android:layout_alignStart="@+id/rg_choice"/>
    <ImageView
    android:layout_width="100dp"
    android:layout_height="100dp"
            app:srcCompat="@drawable/xiaoniu"
    android:layout_marginLeft="25dp"
    android:layout_marginStart="25dp"
    android:layout_marginTop="33dp"
            android:id="@+id/img_1"
    android:scaleType="fitXY"
            android:layout_below="@+id/txt_show"
    android:layout_alignParentLeft="true"
    android:layout_alignParentStart="true"/>
    <ImageView
    android:layout_width="100dp"
    android:layout_height="100dp"
            app:srcCompat="@drawable/beckham"
```

```
        android:layout_alignTop = "@ +id/img_1"
            android:layout_toRightOf = "@ +id/img_1"
            android:layout_toEndOf = "@ +id/img_1"
    android:layout_marginLeft = "74dp"
    android:layout_marginStart = "74dp"
            android:id = "@ +id/img_2"
    android:scaleType = "fitXY"/>
    <RadioGroup
    android:layout_width = "wrap_content"
    android:layout_height = "wrap_content"
    android:layout_marginTop = "24dp"
    android:orientation = "horizontal"
            android:id = "@ +id/rg_choice"
            android:layout_below = "@ +id/img_1"
            android:layout_alignLeft = "@ +id/img_1"
            android:layout_alignStart = "@ +id/img_1"
    android:layout_marginLeft = "12dp"
    android:layout_marginStart = "12dp">
    <RadioButton
    android:text = "xiaoniu"
    android:layout_width = "170dp"
    android:layout_height = "wrap_content"
                android:id = "@ +id/rb_xiaoniu"
    android:layout_weight = "1. 43"/>
    <RadioButton
    android:text = "Beckham"
    android:layout_width = "wrap_content"
    android:layout_height = "wrap_content"
                android:id = "@ +id/rb_beckham"
            />
    </RadioGroup>
    <Button
            android:text = "返回"
    android:layout_width = "wrap_content"
    android:layout_height = "wrap_content"
            android:id = "@ +id/btn_return"
            android:layout_below = "@ +id/rg_choice"
    android:layout_marginLeft = "220dp"
```

```
android:layout_marginTop="40dp"
                />
    </RelativeLayout>
```

（2）MainActivity 文件的代码如下：

```
public class MainActivity extends AppCompatActivity{
        ImageView img_show;
        Button btn;
        @Override
    protected void onCreate(Bundle savedInstanceState){
    super.onCreate(savedInstanceState);
    setContentView(R.layout.activity_main);
            img_show=(ImageView)findViewById(R.id.img_show);
    btn=(Button)findViewById(R.id.btn_choice);
    btn.setOnClickListener(new View.OnClickListener(){
                @Override
    public void onClick(View v){
                        Intent intent=new Intent(MainActivity.this,ImgActivity.class);
    startActivityForResult(intent,1);
                }
            });
        }
        @Override
    protected void onActivityResult(int requestCode,int resultCode,Intent data){
    super.onActivityResult(requestCode,resultCode,data);
    if(requestCode==1 && resultCode==1){
    int img_id=data.getIntExtra("id",0);
                img_show.setImageResource(img_id);
            }
        }
    }
```

（3）ImgActivity 文件的代码如下：

```
public class ImgActivity extends AppCompatActivity{
        RadioButton rb_xiaoniu,rb_beckham;
        Button btn_return;
        @Override
    protected void onCreate(Bundle savedInstanceState){
    super.onCreate(savedInstanceState);
    setContentView(R.layout.activity_img);
```

```
        rb_xiaoniu = (RadioButton)findViewById(R.id.rb_xiaoniu);
            rb_beckham = (RadioButton)findViewById(R.id.rb_beckham);
            btn_return = (Button)findViewById(R.id.btn_return);
            btn_return.setOnClickListener(new View.OnClickListener() {
                @Override
    public void onClick(View v) {
    int img_id=0;
    if(rb_xiaoniu.isChecked()) {
                                img_id=R.drawable.xiaoniu;
                            }
    if(rb_beckham.isChecked()) {
                                img_id=R.drawable.beckham;
                            }
                            Intent intent=new Intent();
    intent.putExtra("id",img_id);
    setResult(1,intent);
                            finish();//关闭当前页
                        }
                });
            }
    }
```

(4) 运行效果如图 4.9 所示。

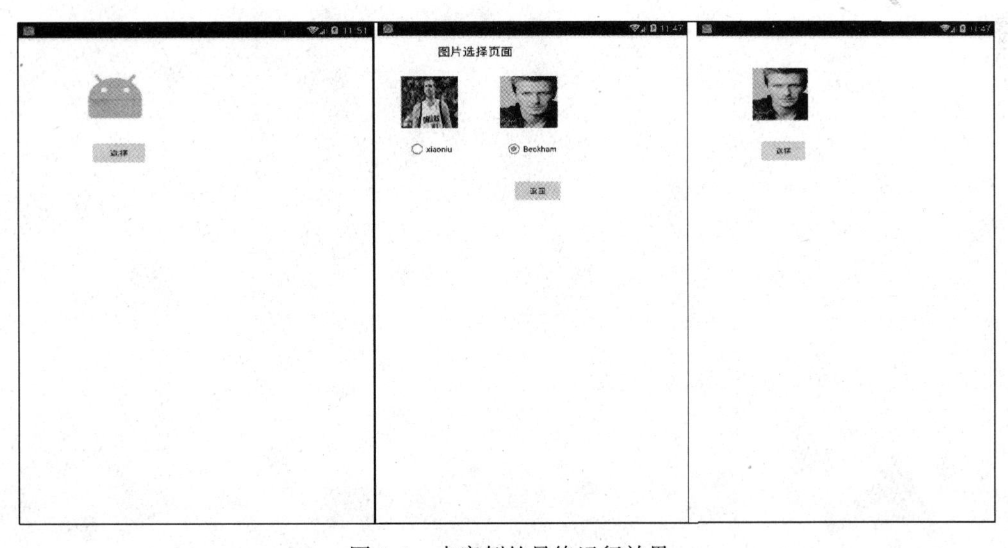

图 4.9 本案例的最终运行效果

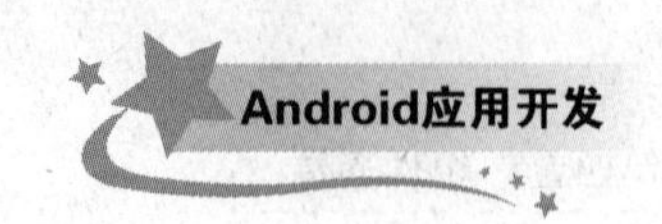

本章小结

本章介绍了如何创建和配置Activity，还介绍了Activity的生命周期。接着，本章介绍了启动Activity的启动方式：一种显示启动，一种隐匿启动。另外，本章还介绍了Activity之间如何进行数据传递，以及如何进行数据回传。Activity之间数据传递是本章的重点，大家要熟练掌握。

习　题

（1）Activity从一种状态转变到另一种状态时会触发一些事件，执行一些回调方法来通知状态的变化，具体有哪些方法?

（2）简述Intent的定义和用途。

（3）简述Intent过滤器的定义和功能。

（4）在第三章习题制作QQ登录窗体的基础上，实现点击“登录”按钮，将登录名和密码传递给登录后的页面，并在登录后的页面上显示登录名和密码。

第五章　数据存储与数据共享

知识点

轻量级存储 SharedPreferences、SQLite 数据库的基本操作。

能力点

(1) 能够使用 SharedPreferences 存储数据。

(2) 掌握 SQLite 数据库的基本操作，能对数据进行增删改查操作。

任务描述

本章要完成以下两个任务：

(1) 实现将用户名存储到 SharedPreferences 中，并且在“社交化”的任何界面上都能获取到存储在 SharedPreferences 中的登录名并显示出来。

(2) 通过 SQLite 数据库的基本操作实现用户注册和登录的功能，登录后查看消息、删除消息的功能。

任务一　轻量级存储 SharedPreferences

一、任务分析

本章通过“社交化”的案例，实现在“社交化”的登录界面登录时将用户名通过 SharedPreferences. Editor 对象的方法存储到文件中，在跳转后的消息页面将该用户名读取出来并显示。如果用户选择自动登录，那么重启项目后页面直接跳转到消息页面，无须输用户名和密码。

二、相关知识

Android 系统提供了轻量级的数据存储方式 SharedPreferences，它是个接口，位于 android. content 包中。它是以键值(key-value)对形式组织和管理数据的，其数据存储在 XML 文件中。XML 文件位于 DDMS 的 File Explorer 选项卡下的 data/data/<包名>/shared_prefs 目录中，DDMS 在本章的任务实施中将进行详细说明。

使用 SharedPreferences 方式存取数据需要用到两个接口：一个是 SharedPreferences. Editor，另一个是 SharedPreferences。

1. 使用 SharedPreferences. Editor 对象存储数据

首先，我们来认识一下创建 SharedPreferences. Editor 对象的格式，例如：SharedPreferences. Editor editor=getSharedPreferences("login",MODE_PRIVATE). edit();

其中，getSharedPreferences( )方法为当前上下文提供的，用来获得 SharedPreferences 对象，该方法有两个参数。

第一个参数为保存数据的文件名。数据是存储在 XML 文件中的，所以该文件名是 XML 文件的文件名，编写时不用写后缀名，程序会自动加上。

第二个参数是个 int 类型，指的是操作模式，由程序提供，常见的取值有 MODE_PRIVATE,MODE_APPEND。

(1) MODE_PRIVATE:为默认操作模式，代表该文件是私有数据，只能被应用本身访问。在该模式下，写入的内容会覆盖原文件的内容。

(2) MODE_APPEND:模式会检查文件是否存在，存在就往文件追加内容，否则就创建新文件。

getSharedPreferences("login",MODE_PRIVATE). edit( )表示通过 SharedPreferences 对象的 edit( )方法创建 SharedPreferences. Editor 对象。

接着，可以通过 SharedPreferences. Editor 接口提供的方法存储数据，存储的方式是键值对的形式。常见的方法如表 5.1 所示。

表 5.1 常见的存储数据的方法

方　法	描　述
putBoolean(String s, boolean b)	存储一个 boolean 类型的数据。第一个参数是键名，第二个参数是要存储的布尔类型的值
putString(String s, String s1)	存储一个 String 类型的数据。第一个参数是键名，第二个参数是要存储的字符串类型的值
putInt(String s, inti)	存储一个 int 类型的数据。第一个参数是键名，第二个参数是要存储的整形类型的值
putFloat(String s, float v)	存储一个 float 类型的数据。第一个参数是键名，第二个参数是要存储的单精度类型的值。
putLong(String s, long l)	存储一个 long 类型的数据。第一个参数是键名，第二个参数是要存储的双精度类型的值

例如：editor. putString("username",edt_name. getText(). toString())。

最后通过 SharedPreferences. Editor 接口的 commit 方法提交数据，将键值存储到外部的文件中。commit( )返回一个布尔值，如果数据存储到外部文件成功，则返回 true，失败则返回 false.

例如:if(editor. commit()= =true){

Toast. makeText(SharedPreActivity. this,"存储成功",Toast. LENGTH_SHORT). show();

}

commit( )是一定要调用的，否则数据不能存储到文件中。

如果要清除 XML 文件中的所有数据，用 SharedPreferences. Editor 接口中的方法 clear( )。

2. 使用 SharedPreferences 对象获取数据

获取数据很简单，只要使用 SharedPreferences 对象的相应方法就能获取数据，如下所示：

```
SharedPreferencessp=getSharedPreferences("login",MODE_PRIVATE);
```

其中，getSharedPreferences(　　)方法已在使用 SharedPreferences. Editor 存储数据的知识点中进行详细说明了。

最后使用 SharedPreferences 接口中的常用方法获取数据，获取数据常用的方法如表 5.2 所示。

表 5.2　获取数据常用的方法

方　法	描　述
getBoolean(String s，boolean b)	获取一个 boolean 类型的数据。第一个参数是键名，第二个参数是默认值
getString(String s，String s1)	获取一个 String 类型的数据。第一个参数是键名，第二个参数是默认值
getInt(String s，int i)	获取一个 int 类型的数据。第一个参数是键名，第二个参数是默认值
getFloat(String s，float v)	获取一个 float 类型的数据。第一个参数是键名，第二个参数是默认值
getLong(String s，long l)	获取一个 long 类型的数据。第一个参数是键名，第二个参数是默认值

例如：

```
SharedPreferences sp=getSharedPreferences("login",MODE_PRIVATE);
String name=sp.getString("username","");
txtName.setText(name);
```

三、任务实施

要实现在“社交化”登录时将用户名通过 SharedPreferences. Editor 对象的方法存储到文件中，在跳转后的消息页面中将用户名读取出来并显示。如果用户选择自动登录，那么下次进入该 App 时页面将直接跳转到消息页面。

(1) 创建项目 SheJiaHua_501，添加 Activity 及布局文件，设计布局界面 activity_shared_pre. xml,如图 5.1 所示。

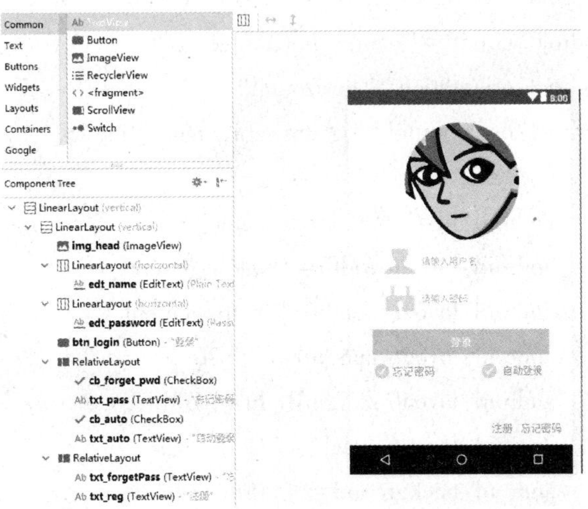

图 5.1　设计布局界面 activity_shared_pre. xml

登录界面的布局文件(activity_shared_pre.xml)代码如下所示:

```
<?xml version="1.0" encoding="utf-8"?>
    <LinearLayout xmlns:android="http://schemas.android.com/apk/res/android"
        android:layout_width="match_parent"
        android:layout_height="match_parent"
        android:orientation="vertical">
    <LinearLayout
            android:layout_width="match_parent"
            android:layout_height="match_parent"
            android:gravity="center_horizontal"
            android:orientation="vertical">
    <ImageView
                android:id="@+id/img_head"
                android:layout_width="200dp"
                android:layout_height="200dp"
                android:layout_gravity="center_horizontal"
                android:layout_marginTop="30dp"
                android:background="@drawable/timg"
                android:contentDescription="TODO"/>
    <LinearLayout
                android:layout_width="match_parent"
                android:layout_height="42dp"
                android:layout_marginLeft="40dp"
                android:layout_marginRight="40dp"
                android:layout_marginTop="10dp"
                android:gravity="center_horizontal"
                android:orientation="horizontal"
                android:background="@drawable/login_line">
    <EditText
                    android:id="@+id/edt_name"
                    android:layout_width="match_parent"
                    android:layout_height="wrap_content"
                    android:layout_marginLeft="20dp"
                    android:layout_marginRight="10dp"
                    android:layout_weight="1"
                    android:background="#00000000"
                    android:drawableLeft="@drawable/ic_login_user"
```

```
            android:drawablePadding="10dp"
                android:ems="10"
                android:gravity="center_vertical"
                android:hint="请输入用户名"
                android:inputType="textPersonName"
                android:textColor="#666666"
                android:textSize="16sp"/>
    </LinearLayout>
    <LinearLayout
            android:layout_width="match_parent"
            android:layout_height="42dp"
            android:layout_marginLeft="40dp"
            android:layout_marginRight="40dp"
            android:layout_marginTop="20dp"
            android:background="@drawable/login_line"
            android:gravity="center_vertical"
            android:orientation="horizontal">
    <EditText
                android:id="@+id/edt_password"
                android:layout_width="match_parent"
                android:layout_height="wrap_content"
                android:layout_marginLeft="20dp"
                android:layout_marginRight="10dp"
                android:background="#00000000"
                android:drawableLeft="@drawable/ic_login_pwd"
                android:drawablePadding="10dp"
                android:gravity="center_vertical"
                android:hint="请输入密码"
                android:inputType="textPassword"
                android:maxLines="1"
                android:textColor="#666666"
                android:textSize="16sp"/>
    </LinearLayout>
    <Button
            android:id="@+id/btn_login"
            android:layout_width="match_parent"
            android:layout_height="42dp"
```

```
            android:layout_marginLeft="40dp"
                android:layout_marginRight="40dp"
                android:layout_marginTop="30dp"
                android:background="@drawable/login_btn"
                android:text="登录"
                android:textColor="#ffffff"
                android:textSize="18sp"/>
    <RelativeLayout
                android:layout_width="match_parent"
                android:layout_height="30dp"
                android:layout_marginLeft="43dp"
                android:layout_marginRight="43dp"
                android:layout_marginTop="15dp">
    <CheckBox
                    android:id="@+id/cb_forget_pwd"
                    android:layout_width="25dp"
                    android:layout_height="25dp"
                    android:background="@drawable/chk_agee_provision_background"
                    android:button="@null"/>
    <TextView
                    android:id="@+id/txt_pass"
                    android:layout_width="wrap_content"
                    android:layout_height="30dp"
                    android:layout_marginLeft="30dp"
                    android:text="忘记密码"
                    android:textSize="37px"/>
    <CheckBox
                    android:id="@+id/cb_auto"
                    android:layout_width="25dp"
                    android:layout_height="25dp"
                    android:layout_marginLeft="80dp"
                    android:layout_toRightOf="@id/txt_pass"
                    android:background="@drawable/chk_agee_provision_background"
                    android:button="@null"/>
    <TextView
                    android:id="@+id/txt_auto"
                    android:layout_width="wrap_content"
```

```
        android:layout_height="30dp"
            android:layout_alignBottom="@+id/cb_auto"
            android:layout_marginLeft="10dp"
            android:layout_toRightOf="@+id/cb_auto"
            android:text="自动登录"
            android:textSize="35px"/>
</RelativeLayout>
<RelativeLayout
        android:layout_width="match_parent"
        android:layout_height="match_parent">
<TextView
            android:id="@+id/txt_forgetPass"
            android:layout_width="wrap_content"
            android:layout_height="wrap_content"
            android:layout_alignParentBottom="true"
            android:layout_alignParentEnd="true"
            android:layout_alignParentRight="true"
            android:layout_marginBottom="16dp"
            android:layout_marginEnd="19dp"
            android:layout_marginRight="19dp"
            android:text="忘记密码"
            android:textSize="18sp"/>
<TextView
            android:id="@+id/txt_reg"
            android:layout_width="wrap_content"
            android:layout_height="wrap_content"
            android:layout_alignBaseline="@+id/txt_forgetPass"
            android:layout_alignParentEnd="true"
            android:layout_alignParentRight="true"
            android:layout_marginEnd="105dp"
            android:layout_marginRight="105dp"
            android:text="注册"
            android:textSize="18sp"/>
</RelativeLayout>
</LinearLayout>
</LinearLayout>
```

(2) 添加消息界面的 Activity 及布局文件 activity_msg. xml。activity_msg. xml 的效果图如图 5.2 所示。

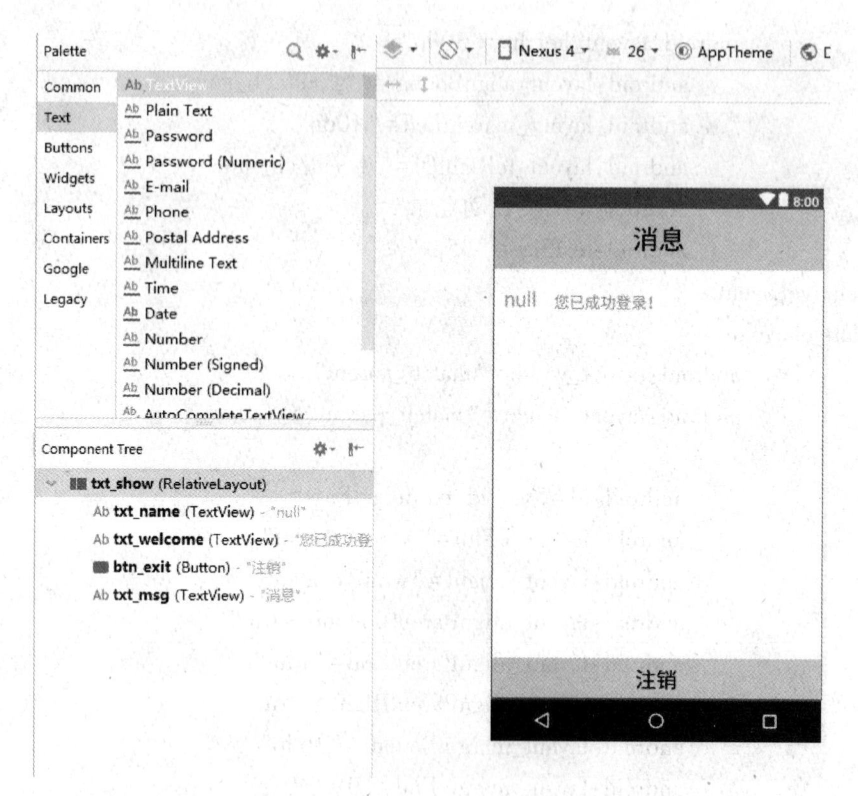

图 5.2 activity_ msg. xml 的效果图

（3）编写登录页面 SharedPreActivity 的代码，具体如下所示。

```
public class SharedPreActivity extends AppCompatActivity {
    EditText edt_pass,edt_name;
    Button btn_login;
    CheckBox ch_auto;
    @Override
    protected void onCreate(Bundle savedInstanceState) {
        super.onCreate(savedInstanceState);
        setContentView(R.layout.activity_main);
        edt_name=findViewById(R.id.edt_name);
        edt_pass=findViewById(R.id.edt_password);
        btn_login=findViewById(R.id.btn_login);
        ch_auto=findViewById(R.id.cb_auto);
        ifAuto();//自动登录
        btn_login.setOnClickListener(new View.OnClickListener() {
            @Override
            public void onClick(View view) {
                boolean
```

```
check = edt_name. getText( ). toString( ). equals( " admin" ) &&edt_pass. getText( ). toString( )
. equals( " 123456" ) ;
                SharedPreferences. Editor editor = getSharedPreferences( " login" , MODE
_PRIVATE). edit( ) ;//保存数据
                if( check = = true) {
              editor. putString( " name" , edt_name. getText( ). toString( ) ) ;//存储用
              户名
                }
                if( check = = true&&ch_auto. isChecked( ) ) {
                    editor. putBoolean( " auto" , true) ;   //添加变量 atuo,用来判断
页面是否已选择了自动登录
                }
    boolean flag = editor. commit( ) ;//写入数据
                if( flag) {
                    changeActivity( ) ;//页面跳转
                }
            }
        }) ;
    }
    //是否自动登录的方法
    public void ifAuto( ) {
        SharedPreferences sp = getSharedPreferences( " login" , MODE_PRIVATE) ;
        if( sp. getBoolean( " auto" , false) = = true) {//判断写入的数值 auto 是否等于 true
            changeActivity( ) ;
        }
    }
    //页面跳转的方法
    public void changeActivity( ) {
        Intent intent = new Intent( SharedPreActivity. this, MsgActivity. class) ;
        startActivity( intent) ;
    }
}
```

代码中通过 getSharedPreferences(" data" , MODE_PRIVATE). edit( ) 创建 SharedPreferences. Editor 对象, login 是文件名。editor. putString(" name" , edt_name. getText( ). toString( )) ;是将文本编辑框的值转换成字符串后，以键值对的形式存到 editor 对象的 putString 方法中。editor. putBoolean(" auto" , true) 表示当用户选择了自动登录的功能，设置布尔类型 auto 的值为 true。

接着通过 editor. commit( ) 方法将数据提交，该方法返回的类型为 boolean，可以获取该布尔值判断是否执行成功。

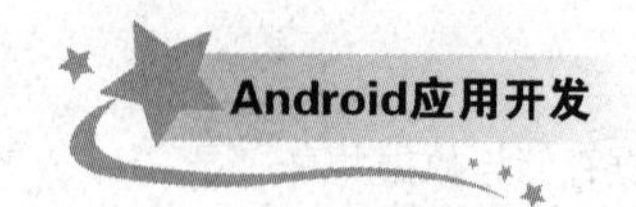

（4）编写消息页面 MsgActivity 的代码，具体如下所示：

```
public class MsgActivity extends AppCompatActivity{
    TextView txt_name;
    Button btn_exit;//注销按钮
    @ Override
    protected void onCreate(Bundle savedInstanceState){
        super. onCreate(savedInstanceState);
        setContentView(R. layout. activity_msg);
        txt_name=findViewById(R. id. txt_name);
        btn_exit=findViewById(R. id. btn_exit);
        //获取数据
        getName();
        //点击"注销",清除 login. xml 中的所有数据
        btn_exit. setOnClickListener(new View. OnClickListener(){
            @ Override
            public void onClick(View view){
                clearData();//清除数据
                        Intent   intent  =  new  Intent  ( MsgActivity. this,
SharedPreActivity. class);//返回登录页面
                startActivity(intent);
            }
        });
    }
    //获取 login. xml 中的数据
    public void getName(){
        SharedPreferences  sharedPreferences = getSharedPreferences ( " login" , MODE _ PRI-
VATE);
        String name=sharedPreferences. getString("name","");
        txt_name. setText(name);
    }
    //清除数据
    private  void clearData(){
        SharedPreferences sp=getSharedPreferences("login",MODE_PRIVATE);
        SharedPreferences. Editor editor=sp. edit();
        editor. clear();
        editor. commit();

    }
}
```

通过代码可以发现，获取数据的对象是 SharedPreference，因此可通过键获取对应值。如果用户选择注销按钮，则将 login. xml 的数据清空。

(5) 运行程序。

运行程序，填写用户名和密码，选择自动登录功能，单击“登录”按钮，进入消息界面，如图 5. 3 和图 5. 4 所示。

图 5. 3　填写用户名和密码界面

图 5. 4　成功登录界面

重启项目，页面直接跳转到消息页面，无须进行用户名和密码的输入。

点击消息页面的“注销”按钮，login. xml 文件中的数据清空，页面返回登录界面，需要重新输入用户名和密码。

(6) DDMS。

项目运行成功了，那么 login. xml 存在哪里呢？可以通过 DDMS 进行查看，那什么是 DDMS 呢？DDMS 的全称是 Dalvik Debug Monitor Service，它能够为测试设备截屏，针对特定的进程查看正在运行的线程以及堆信息、Logcat、广播状态信息、模拟电话呼叫、接收 SMS、虚拟地理坐标等等。DDMS 为 IDE 和 emultor 及真正的 android 设备架起来了一座桥梁。接下来我们进入 DDMS 查看 login. xml，首先找到当前环境的 SDK 目录，运行目录下的 SDK\\tools\\lib\\monitor-x86_64 中的可执行文件 monitor. exe。

找到 data/data/包名/shared_prefs 目录下的 login. xml 文件，如图 5. 5 所示。

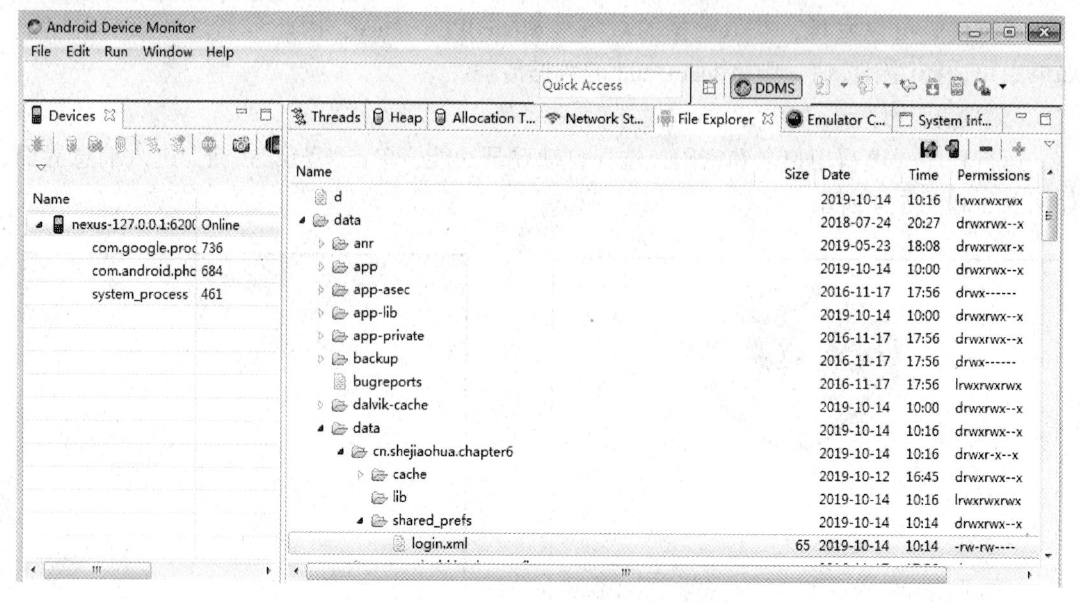

图 5.5　查找 login. xml 文件

可以通过 DDMS 窗体右上角的 ，将 login. xml 文件导出到电脑磁盘上，可打开查看里面的数据。

任务二　SQLite 数据库

一、任务分析

案例—“社交化”聊天模块

通过 SQLite 数据库的基本操作实现用户的注册、登录及留言的功能；用户登录后显示其他用户列表；点击任意用户都能进行留言，其他用户登录后可查看留言。

二、相关知识

Androidt 系统中集成了一个轻量级的关系型数据库，它就是 SQLite 数据库。它占用资源少，安全可靠，是开源的代码，具有跨平台的优点。接下来，我们来认识一下 SQLite。

1. SQLiteOpenHelper 类

首先，我们来认识一下 SQLiteOpenHelper 类，它是一个抽象类，是由 Android 系统提供的，用来创建和升级数据库。我们在应用该类时，需要创建一个类来继承它，也就是创建 SQLiteOpenHelper 类的子类，重写它的两个方法 onCreate(　　) 和 onUpgrade(　　) 方法。

当程序首次创建数据库时，onCreate(　　) 方法会被调用，之后将不会再被调用，只调用一次，通常在该方法中编写创建表的代码。onUpgrade(　　) 用来升级数据库。

还需要给 SQLiteOpenHelper 类的子类添加构造方法，在构造方法中指定要创建的数据库名。

具体可以看如下代码：

```
public class SqlHelper extends SQLiteOpenHelper{
        public SqlHelper(Context context){
            //设置数据库名
            super(context,"users.db",null,1);
        }
        @Override
        public void onCreate(SQLiteDatabase db){
            //创建表
            String sql = "create table tbl_user(phone varchar(11) primary key,pass char
(6),"+
                        "name varchar(10),address text,age int)";
            db.execSQL(sql);
        }
        @Override
        public void onUpgrade(SQLiteDatabase db,int oldVersion,int newVersion){
        }
    }
```

在以上代码中，SqlHelper 继承了 SQLiteOpenHelper，在重写的 onCreate(　　)方法中创建表，添加构造方法给父类的构造方法传值。在 super(context,"users.db", null, 1)中，第一个参数是传当前类的实例；第二个参数是要创建的数据库的名字；第三个参数是允许我们在查询数据时返回一个自定义的 Cursor，在这里通常放入 null；第四个参数表示当前数据库的版本号。

SQLiteOpenHelper 还有两个重要的方法：

(1) getWritableDatabase(　　)方法：创建或打开数据库。当数据库不可写入的时候(磁盘空间已满)，getWritableDatabase(　　)方法则将出现异常。

(2) getReadableDatabase(　　)方法：创建或打开数据库。当数据库不可写入的时候(磁盘空间已满)，getReadableDatabase(　　)方法返回的对象将以只读的方式打开数据库。

通过 getWritableDatabase(　　)方法和 getReadableDatabase(　　)方法，我们可以创建或打开一个现有的数据库，并返回一个可对数据库进行读写操作的对象，即 SQLiteDatabase 对象。

接下来，我们来认识 SQLiteDatabase 对象。

2. SQLiteDatabase 类

SQLiteDatabase 类提供了 insert(　　)、update(　　)、delete(　　)及 query(　　)方法。这些方法封装了执行添加、更新、删除及查询的 SQL 命令，所以不用再编写 sql 语句了，使用这些方法就能完成相应的增删改查操作。对于习惯自己编写 sql 命令的读者，可以使用 SQLiteDatabase 对象的 execSQL(　　)方法来执行 sql 命令。

(1) 添加操作。

使用 SQLiteDatabase 对象 insert(　　)方法向表中插入数据，语法格式如下所示：

public long insert(String table, String nullColumnHack, ContentValues values)

① table：用来指定表名。

② nullColumnHack：用来指定如果有字段未插入值，给予默认值 null。

③ values：要求存入一个 ContentValues 对象，ContentValues 以键值对的形式来存储数据，其中键名为表中的字段名，键值为要增加的记录数据值。

如：往表 tbl_user(phone,pass,sex)中添加数据：

```
ContentValues content=new ContentValues();
content.put("phone","13888888888");
content.put("pass","123456");
content.put("sex","女");
SQLiteDatabase 对象.insert("tbl_user",null,content)
```

(2) 删除操作。

使用 SQLiteDatabase 对象的 delete()方法从表中删除数据，语法格式如下所示：

public int delete(String table, String whereClause, String[] whereArgs)

① table：用来指定表名。

② whereClause：指定删除数据的条件，相当于 sql 命令 where 后面的语句，可以使用点位符。

③ whereArgs：如果 whereClause 含有占位符，那么这个参数用来指定各点位参数的值。

如：删除学生表 tbl_user 中，字段 phone 为"13888888888"的所在行的数据：

SQLiteDatabase 对象.delete("tbl_user","phone=?",new String[]{"13888888888"})

(3) 更新操作。

使用 SQLiteDatabase 对象的 update(　　)方法更新表中的数据，语法格式如下所示：

public int update(String table,ContentValues values,String whereClause,String[] whereArgs)

① table：用来指定表名。

② values：要求存入一个 ContentValues 对象，ContentValues 以键值对的形式来存储数据，其中键名为表中的字段名，键值为对应的字段值。

③ whereClause：指定更新数据的条件，相当于 sql 命令 where 后面的语句，可以使用点位符。

④ whereArgs：如果 whereClause 含有占位符，那么这个参数用来指定各点位参数的值。

(4) 查询操作。

使用 SQLiteDatabase 对象的 query(　　)方法查询表中数据，语法格式如下所示：

public Cursorquery(String table,String[] columns,String selection,String[] selectionArgs,String groupBy,String having,String orderBy)

① table：查询记录的数据表。

② columns：查询的字段，如为 null，则为所有字段。

③ selection：查询条件，相当于 sql 命令 where 后面的语句，可以使用点位符。

④ selectionArgs：如果 selection 含有占位符，那么这个参数用来指定各点位参数的值。

⑤ groupBy：查询结果按指定字段分组。

⑥ having：限定分组的条件。

⑦ orderBy：指定排序的方式。

query(　　)方法返回的结果是个 Cursor 游标，查询的结果都存储在 Cursor 中，也可以称 Cursor 为结果集，通过遍历 Cursor 的方法读取所有的查询结果。

Cursor 中常见的方法如表 5.3 所示。

表 5.3　Cursor 中常见的方法

方　法	描　述
moveToFirst(　　)	指针移动到查询结果集的第一行
moveToLast(　　)	指针移动到查询结果集的最后一行
moveToNext(　　)	指针移动到查询结果集的下一条记录
getXXX(　　)	XXX 表示数据类型，用于获取对应字段的值
getColumnIndex(　　)	根据字段的名称获取该字段对应的序号

三、任务实施

通过 SQLite 数据库的基本操作实现用户的注册和登录的功能，登录后显示其他用户，点击任意用户都能进行聊天。

1. 实现注册功能

创建一个名为“SheJiaoHua_602”的项目，创建注册页面和 SQLiteOpenHelper 的子类，效果如图 5.6 所示。

图 5.6　创建注册页面和 SQLiteOpenHelper 的子类

先来编写 SQLiteOpenHelper 的子类 SQLiteHelper，具体代码如下所示：

```
public classSQLiteHelper extends SQLiteOpenHelper{
    public SQLiteHelper(@ Nullable Context context){super(context,"msgdb.db",null,1);}
    @ Override
    public void onCreate(SQLiteDatabase db){
            String sql="create table tbl_user(phone varchar(11)primary key,password
    varchar(11),name text)";//创建用户表
            db.execSQL(sql);
            String sql_msg="create table tbl_msg(msgid integer primary key autoincrement,
myphone varchar(11),friendphone varchar(11),"+
    "mymsg text)";//创建存储聊天记录的表
            db.execSQL(sql_msg);
        }
    @ Override
    public void onUpgrade(SQLiteDatabase sqLiteDatabase,int i,int i1){
        }
```

接下来编写注册页面的逻辑代码，实现注册功能。RegisterActivity 中的代码如下所示：

```
public classRegisterActivity extends AppCompatActivity{
        Button regist_btn;
        EditText phone_et;
        EditText pass1_et;
        EditText pass2_et;
        EditText name_et;
    @ Override
    protected void onCreate(Bundle savedInstanceState) {
    super.onCreate(savedInstanceState);
            setContentView(R.layout.activity_register);
    phone_et=(EditText)findViewById(R.id.edt_phone);
    pass1_et=(EditText)findViewById(R.id.edt_pass1);
    pass2_et=(EditText)findViewById(R.id.edt_pass2);
    name_et=(EditText)findViewById(R.id.edt_name);
    regist_btn=(Button)findViewById(R.id.btn_regist);
    //点击"注册"按钮,实现注册功能
    regist_btn.setOnClickListener(new View.OnClickListener(){
    @ Override
    public void onClick(View view){
```

```
            SQLiteHelper helper=new SQLiteHelper(RegisterActivity.this);
                SQLiteDatabase db=helper.getWritableDatabase();
                String pass1=pass1_et.getText().toString();
                String pass2=pass2_et.getText().toString();
//难证输入信息
if("".equals(pass1)||pass1_et==null||"".equals(pass2)||pass2_et==null){
                    Toast.makeText(RegisterActivity.this,"请输入密码",
Toast.LENGTH_SHORT).show();
return;
                    }
if(pass1.equals(pass2)==false){
                        Toast.makeText(RegisterActivity.this,"两次密码不一致",
Toast.LENGTH_SHORT).show();
return;
                    }
if(TextUtils.isEmpty(name_et.getText())){
                    Toast.makeText(RegisterActivity.this,"请输入姓名",
Toast.LENGTH_SHORT).show();
return;
                    }
if(TextUtils.isEmpty(phone_et.getText())){
                Toast.makeText(RegisterActivity.this,"请输入手机",
Toast.LENGTH_SHORT).show();
return;
                    }
//检验手机号是否已注册
Cursor cursor=db.rawQuery("select * from tbl_user where phone=?",
new String[]{phone_et.getText().toString()});
if(cursor.getCount()>0){
                    Toast.makeText(RegisterActivity.this,"该手机号已注册",
Toast.LENGTH_SHORT).show();
return;
                    }
//将数据添加到表中
ContentValues values=new ContentValues();
        values.put("name",name_et.getText().toString());
```

```
        values. put( "password" ,pass1_et. getText( ). toString( ) );
            values. put( "phone" ,phone_et. getText( ). toString( ) );
            db. insert( "tbl_user" ,null,values) ;
            db. close( );
            Toast. makeText( RegisterActivity. this,"注册成功" ,Toast. LENGTH_SHORT). show( );
    //注册成功后页面跳转到登录页面
    Intent intent=new Intent( RegisterActivity. this,LoginActivity. class) ;
                    startActivity( intent) ;
            }
        });
    }
}
```

2. 实现登录功能

创建登录页面，布局界面效果具体如图 5.7 所示。

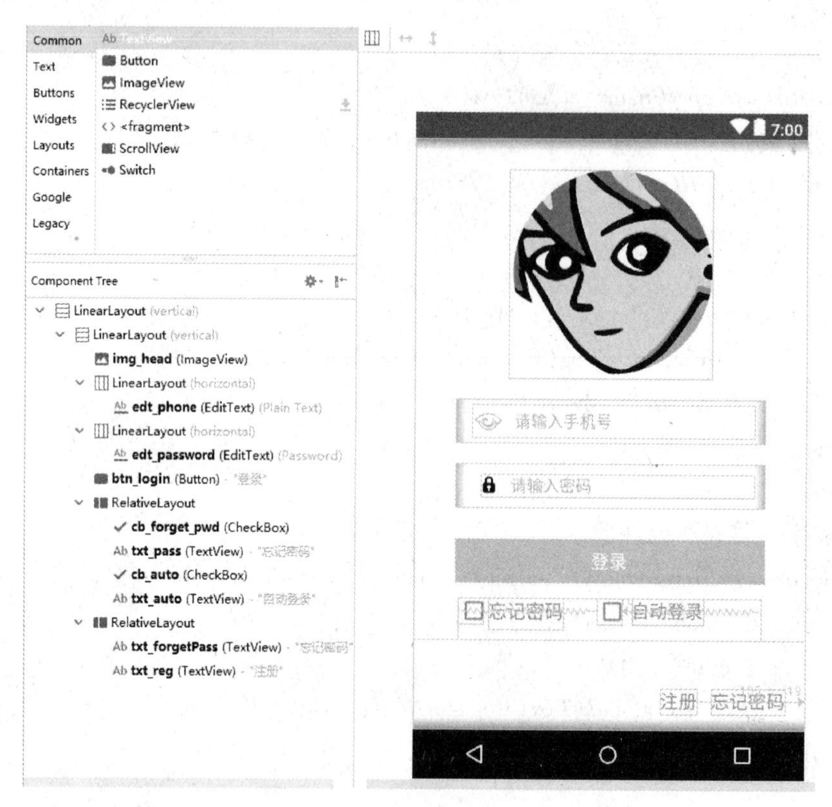

图 5.7　登录页面的布局界面效果

布局文件 activity_login. xml 的代码如下：

```
<? xml version="1. 0"  encoding="utf-8"? >
    <LinearLayout xmlns:android="http://schemas. android. com/apk/res/android"
```

```
android:layout_width="match_parent"
android:layout_height="match_parent"
android:orientation="vertical">
<LinearLayout
android:layout_width="match_parent"
android:layout_height="match_parent"
android:gravity="center_horizontal"
android:orientation="vertical">

<ImageView
android:id="@+id/img_head"
android:layout_width="200dp"
android:layout_height="200dp"
android:layout_gravity="center_horizontal"
android:layout_marginTop="30dp"
android:background="@drawable/timg"
android:contentDescription="TODO"/>
<LinearLayout
android:layout_width="match_parent"
android:layout_height="42dp"
android:layout_marginLeft="40dp"
android:layout_marginRight="40dp"
android:layout_marginTop="20dp"
android:background="@drawable/login_line"
android:gravity="center_vertical"
android:orientation="horizontal">

<EditText
android:id="@+id/edt_phone"
android:layout_width="match_parent"
android:layout_height="wrap_content"
android:layout_marginLeft="16dp"
android:layout_marginRight="10dp"
android:layout_weight="1"
android:background="#00000000"
android:drawableLeft="@android:drawable/ic_menu_view"
android:drawablePadding="10dp"
android:ems="10"
```

```
android:gravity="center_vertical"
android:hint="请输入手机号"
android:inputType="textPersonName"
android:textColor="#666666"
android:textSize="16sp"/>
</LinearLayout>

<LinearLayout
android:layout_width="match_parent"
android:layout_height="42dp"
android:layout_marginLeft="40dp"
android:layout_marginRight="40dp"
android:layout_marginTop="20dp"
android:background="@drawable/login_line"
android:gravity="center_vertical"
android:orientation="horizontal">
<EditText
android:id="@+id/edt_password"
android:layout_width="match_parent"
android:layout_height="wrap_content"
android:layout_marginLeft="25dp"
android:layout_marginRight="10dp"
android:background="#00000000"
android:drawableLeft="@android:drawable/ic_secure"
android:drawablePadding="10dp"
android:gravity="center_vertical"
android:hint="请输入密码"
android:inputType="textPassword"
android:maxLines="1"
android:textColor="#666666"
android:textSize="16sp"/>
</LinearLayout>
<Button
android:id="@+id/btn_login"
android:layout_width="match_parent"
android:layout_height="42dp"
```

```
android:layout_marginLeft="40dp"
android:layout_marginRight="40dp"
android:layout_marginTop="30dp"
android:background="@android:color/holo_blue_light"
android:text="登录"
android:textColor="#ffffff"
android:textSize="18sp"/>
<RelativeLayout
android:layout_width="match_parent"
android:layout_height="40dp"
android:layout_marginLeft="43dp"
android:layout_marginRight="43dp"
android:layout_marginTop="15dp">
<CheckBox
android:id="@+id/cb_forget_pwd"
android:layout_width="25dp"
android:layout_height="25dp"/>
<TextView
android:id="@+id/txt_pass"
android:layout_width="wrap_content"
android:layout_height="30dp"
android:layout_marginLeft="30dp"
android:text="忘记密码"
android:textSize="37px"/>
<CheckBox
android:id="@+id/cb_auto"
android:layout_width="25dp"
android:layout_height="25dp"
android:layout_alignParentTop="true"
android:layout_centerHorizontal="true"/>
<TextView
android:id="@+id/txt_auto"
android:layout_width="wrap_content"
android:layout_height="30dp"
android:layout_alignBottom="@+id/cb_auto"
android:layout_marginLeft="10dp"
android:layout_toRightOf="@+id/cb_auto"
```

```
android:text="自动登录"
android:textSize="35px"/>
</RelativeLayout>
<RelativeLayout
android:layout_width="match_parent"
android:layout_height="match_parent">
<TextView
android:id="@+id/txt_forgetPass"
android:layout_width="wrap_content"
android:layout_height="wrap_content"
android:layout_alignParentBottom="true"
android:layout_alignParentEnd="true"
android:layout_alignParentRight="true"
android:layout_marginBottom="16dp"
android:layout_marginEnd="19dp"
android:layout_marginRight="19dp"
android:text="忘记密码"
android:textSize="18sp"/>
<TextView
android:id="@+id/txt_reg"
android:layout_width="wrap_content"
android:layout_height="wrap_content"
android:layout_alignBaseline="@+id/txt_forgetPass"
android:layout_alignParentEnd="true"
android:layout_alignParentRight="true"
android:layout_marginEnd="105dp"
android:layout_marginRight="105dp"
android:text="注册"
android:textSize="18sp"/>
</RelativeLayout>
</LinearLayout>
</LinearLayout>
```

编写业务逻辑代码，检验输入的手机号和密码是否和表中的数据一致。LoginActivity 对应的代码如下所示：

```
public classLoginActivity extends AppCompatActivity{
        EditText edt_phone,edt_password;
```

```
Button btn_login;
    TextView txt_reg;
@ Override
protected void onCreate( Bundle savedInstanceState) {
super. onCreate( savedInstanceState) ;
        setContentView( R. layout. activity_login) ;
edt_phone= (EditText)findViewById( R. id. edt_phone) ;
edt_password=(EditText)findViewById( R. id. edt_password) ;
btn_login=(Button)findViewById( R. id. btn_login) ;
txt_reg=(TextView)findViewById( R. id. txt_reg) ;
//还未注册的用户,点击文本“注册”进入注册页面
txt_reg. setOnClickListener( new View. OnClickListener( ) {
@ Override
public void onClick( View v) {
                Intent intent=new Intent( LoginActivity. this,RegisterActivity. class) ;
                startActivity( intent) ;
            }
        }) ;
//点击“登录”按钮,相信检验输入的有效性
btn_login. setOnClickListener( new View. OnClickListener( ) {
@ Override
public void onClick( View view) {
               SQLiteHelper helper=new SQLiteHelper( LoginActivity. this) ;
               SQLiteDatabase db=helper. getReadableDatabase( ) ;
               Cursor cursor=db. query( "tbl_user" ,null,"phone=? and password=?" ,new
String[ ] { edt_phone. getText( ). toString( ),
edt_password. getText( ). toString( ) } ,null,null,null,null) ;
if( cursor. moveToFirst( ) ) {
//将手机号和用户名存储在 SharedPreferences 中,方便后面的页面使用
SharedPreferences. Editor editor=getSharedPreferences( "user" ,MODE_PRIVATE). edit( ) ;
               editor. putString( "phone" ,edt_phone. getText( ). toString( ) ) ;
               editor. putString( "name" ,cursor. getString( cursor. getColumnIndex( "name" ) ) ) ;
               editor. commit( ) ;
               cursor. close( ) ;
//输入正确,页面进入显示所有用户的界面
Intent intent=new Intent( LoginActivity. this,AllFriendsActivity. class) ;
                   startActivity( intent) ;
```

```
                } else {
                    cursor.close();
                    Toast.makeText(LoginActivity.this,"您的输入有误,请重输!",
Toast.LENGTH_SHORT).show();
                }
            }
        });
    }
}
```

3. 进入用户页面

登录成功后进入显示所有用户的页面，页面上通过 ListView 组件显示用户的姓名、手机号及聊天总数。布局显示其他用户的界面 activity_allfriends.xml，界面布局效果如图 5.8 所示。

图 5.8　activity_allfriends.xml 的界面布局效果

创建布局文件 activity_allfriends_item.xml，布局 ListView 中每一项的视图效果，具体效果如图 5.9 所示。

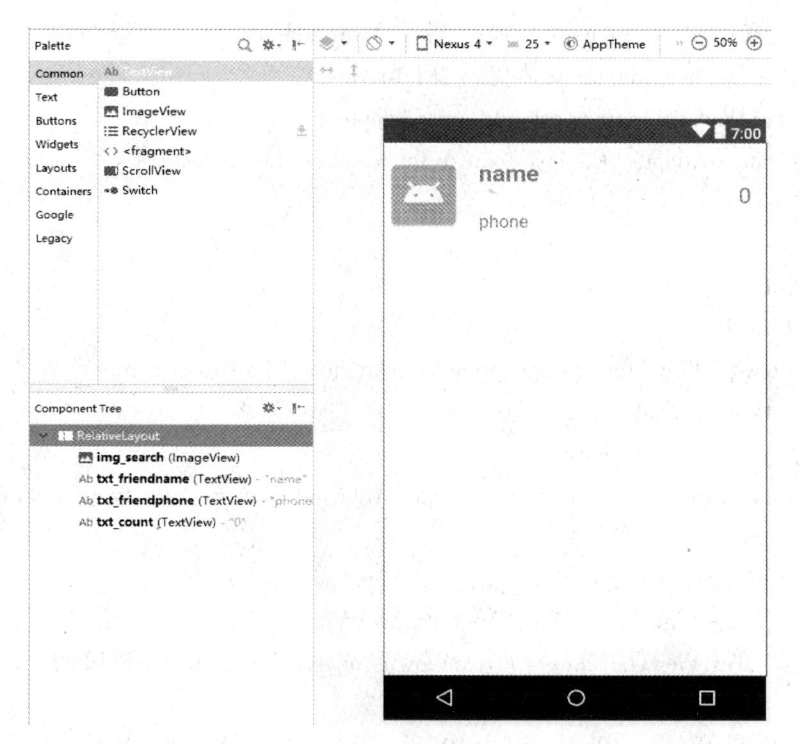

图 5.9　布局文件 activity_allfriends_item. xml 的界面布局效果

编写实体类 Contacts，具体代码如下所示：

```
public classContacts {
private String friendPhone;
private String friendName;
private int count;
public Contacts(String friendPhone,String friendName,int count) {
this. friendPhone=friendPhone;
this. friendName=friendName;
this. count=count;
    }
public String getFriendPhone() {
return friendPhone;
    }
public String getFriendName() {
return friendName;
    }
public int getCount() {
return count;
    }
}
```

创建自定义适配器 ContactsAdapter，继承 ArrayAdapter(自定义适配器在第二章中已详细介绍过了)。ContactsAdapter 具体代码如下所示：

```
public classContactsAdapter extends ArrayAdapter{
public ContactsAdapter(Context context,int resource,List objects){
super(context,resource,objects);
     }
@NonNull
     @Override
public View getView(int position,View convertView,ViewGroup parent){
if(convertView==null){
          convertView=
LayoutInflater.from(getContext()).inflate(R.layout.activity_allfriends_item,null);
          }
          Contacts contacts=(Contacts)getItem(position);
          ImageView img=(ImageView)convertView.findViewById(R.id.img_search);
          TextView txtName = (TextView) convertView.findViewById (R.id.txt_friend-
name);
          TextView txtPhone = (TextView) convertView.findViewById (R.id.txt_friend-
phone);
          TextView count=(TextView)convertView.findViewById(R.id.txt_count);
          img.setImageResource(R.drawable.timg);
//将用户的姓名、手机号及聊天总数显示到 activity_allfriends_item.xml 的对应组件上
txtName.setText(contacts.getFriendName());
          txtPhone.setText(contacts.getFriendPhone());
          count.setText(contacts.getCount()+"");
return convertView;
     }
}
```

编写 AllFriendsActivity.java 的业务逻辑代码，获取并显示其他用户姓名、手机号及聊天总数，具体如下所示：

```
public classAllFriendsActivity extends AppCompatActivity {
     ListView listView;
     List<Contacts>list=new ArrayList<Contacts>();
int position=-1;
     Contacts contacts;
     String phone;//存储当前用户的手机号码
@Override
protected void onCreate(Bundle savedInstanceState) {
```

```
super. onCreate(savedInstanceState);
        setContentView(R. layout. activity_allfriends);
//获取 SharedPreferences 中的手机号
SharedPreferences sp=getSharedPreferences("user",MODE_PRIVATE);
phone=sp. getString("phone",null);
//查询列表
SQLiteHelper helper=new SQLiteHelper(AllFriendsActivity. this);
        SQLiteDatabase db=helper. getWritableDatabase();
        Cursor cursor = db. query ( " tbl _ user" , null," phone!  =?" , new String[ ]
{phone},null,null,null,null);
if (cursor. moveToFirst()) {
do {
            String friendName=cursor. getString(cursor. getColumnIndex("name"));
//其他用户昵称
String friendPhone=cursor. getString(cursor. getColumnIndex("phone")); //其他用户手
机号
int count=0;
//统计和每个好友的聊天总数
Cursor cursor_count = db. rawQuery(" select count( * ) from tbl_msg where myphone=?
and friendphone=? or myphone=? and friendphone=?",
new String[]{phone,friendPhone,friendPhone,phone});
if (cursor_count. moveToFirst()) {
                count=cursor_count. getInt(0);
            }
            cursor_count. close();
contacts=new Contacts(friendPhone,friendName,count);
list. add(contacts);
        }while(cursor. moveToNext());
    }
listView=(ListView) findViewById(R. id. lv_allfriends);//建立关联
ContactsAdapter adapter=new ContactsAdapter(AllFriendsActivity. this,R. layout. activity_
msg_item,list);//实例化自定义适配器
listView. setAdapter(adapter);//给 ListView 设置适配器
registerForContextMenu(listView);//注册 contextMenu,当你长按按钮的时候就会调用
onCreateContextMenu 方法
//长按,出现"删除聊天信息"的菜单
```

```
listView. setOnCreateContextMenuListener( new View. OnCreateContextMenuListener( ) {
@ Override
public void onCreateContextMenu( ContextMenu contextMenu, View view, ContextMenu.Con-
textMenuInfo contextMenuInfo) {
        contextMenu. add(0, ContextMenu. FIRST, 1, "删除聊天信息");
        AdapterView. AdapterContextMenuInfo info = ( AdapterView. Adapter ContextMen-
uInfo) contextMenuInfo;
position = info. position;
        }
        });
//单击列表中的每一项,进入对应的聊天界面
listView. setOnItemClickListener( new AdapterView. OnItemClickListener( ) {
@ Override
public void onItemClick( AdapterView<? > parent, View view, int position, long id) {
                Contacts contacts1 = list. get( position);
                        Intent  intent  =  new  Intent  ( AllFriendsActivity. this,
MessageActivity. class);
                intent. putExtra( "myphone", phone);
                intent. putExtra( "friendphone", contacts1. getFriendPhone( ));
                startActivity( intent);
            }
        });
    }
//点击"删除聊天信息"从表中删除和此联系人的聊天信息
@ Override
public boolean onContextItemSelected( MenuItem item) {
        Contacts contacts = ( Contacts) list. get( position);
if ( item. getItemId( ) = = ContextMenu. FIRST) {
            SQLiteHelper helper = new SQLiteHelper( AllFriendsActivity. this);
            SQLiteDatabase db = helper. getWritableDatabase( );
int i = db. delete( "tbl_msg", "myphone = ? and friendphone = ? or myphone = ? and friend-
phone = ?",
new String[ ] { phone, contacts. getFriendPhone( ), contacts. getFriendPhone( ), phone} );
if ( i >0) {
            Toast. makeText( AllFriendsActivity. this, "删除聊天信息",
Toast. LENGTH_SHORT). show( );
            startActivity( new Intent( AllFriendsActivity. this, All FriendsActivity. class));
```

```
            finish();
                }
            }
    return super.onContextItemSelected(item);
        }
}
```

4. 进入留言窗体

首先创建聊天窗体的控制文件 MessageActivity. java 和布局文件 activity_msg. xml，布局界面效果如图 5. 10 所示。

图 5. 10　控制文件和布局文件的界面效果

自定义 activity_msg. xml 中 ListView 组件每一项的布局文件 activity_msg_item. xml，布局界面效果如图 5. 11 所示。

图 5.11　ListView 组件中布局文件的界面效果

布局文件 activity_msg_item.xml 的代码如下所示：

```
<? xml version="1.0" encoding="utf-8"? >
    <LinearLayout xmlns:android="http://schemas.android.com/apk/res/android"
    android:layout_width="match_parent"
    android:layout_height="match_parent"
    android:orientation="vertical">
    <LinearLayout
    android:id="@+id/linearlayout_left"
    android:layout_width="wrap_content"
    android:layout_height="wrap_content"
    android:layout_gravity="left"
    android:background="@drawable/left"
    android:orientation="horizontal">
    <TextView
    android:id="@+id/txt_left"
    android:layout_width="wrap_content"
    android:layout_height="wrap_content"
    android:layout_weight="1"
    android:text="TextView"
    android:layout_gravity="center_horizontal|center_vertical"
```

```
android:layout_margin="15dp"/>
</LinearLayout>
<LinearLayout
android:id="@+id/linearlayout_right"
android:layout_width="wrap_content"
android:layout_height="wrap_content"
android:layout_gravity="right"
android:background="@drawable/right"
android:orientation="horizontal">
<TextView
android:id="@+id/txt_right"
android:layout_width="wrap_content"
android:layout_height="wrap_content"
android:text="TextView"
android:layout_gravity="center_horizontal|center_vertical"
android:layout_marginLeft="30dp"
android:layout_marginRight="30dp"
android:layout_marginTop="10dp"
android:layout_marginBottom="10dp"/>
</LinearLayout>
</LinearLayout>
```

创建实体类 Message，用来封装消息及消息类型，具体代码如下所示：

```
public classMessage {
private String content;//发送消息的内容
private int type;//消息类型,0 表示接收消息,1 表示发送消息——在接口 Interface 中定义了
public String getContent() {
return content;
    }
public int getType() {
return type;
    }
public Message(String content,int type) {
this.content=content;
this.type=type;
    }
}
```

接口 Interface 定义两种消息类型，具体代码如下所示：

```
public interfaceInterface {
    int RECEIVED = 0;//接收消息
    int SEND = 1;//发送消息
    }
```

创建自定义适配器 MessageAdapter，继承 ArrayAdapter，重写相应方法。具体代码如下所示：

```
    public classMessageAdapter extends ArrayAdapter {
    public MessageAdapter(@ NonNull Context context,int resource,@ NonNull List objects) {
    super(context,resource,objects);
        }
    @ NonNull
        @ Override
    public View getView(int position,@ Nullable View convertView,@ NonNull ViewGroup parent) {
            Message msg=(Message) getItem(position);
    if(convertView==null) {
                convertView=
    LayoutInflater.from(getContext()).inflate(R.layout.activity_msg_item,null);
            }
            LinearLayout linearlayout_left=(LinearLayout)
    convertView.findViewById(R.id.linearlayout_left);
            LinearLayout linearLayout_right=(LinearLayout)
    convertView.findViewById(R.id.linearlayout_right);
            TextView txt_left=(TextView) convertView.findViewById(R.id.txt_left);
            TextView txt_right=(TextView) convertView.findViewById(R.id.txt_right);
    //如果是接收消息,把显示发送消息的组件所在的布局文件隐藏
    if(msg.getType()==Interface.RECEIVED) {
                linearlayout_left.setVisibility(View.VISIBLE);
                linearLayout_right.setVisibility(View.GONE);
                txt_left.setText(msg.getContent());
            }
    //如果是发送消息,把显示接收消息的组件所在的布局文件隐藏
    if(msg.getType()==Interface.SEND) {
        linearLayout_right.setVisibility(View.VISIBLE);
                linearlayout_left.setVisibility(View.GONE);
                txt_right.setText(msg.getContent());
            }
    return convertView;
        }
    }
```

编写 MessageActivity. java，具体代码如下：

```
public classMessageActivity extends AppCompatActivity {
        ListView lv_msg;
        EditText edt_msg;
        Button btn_send;
        List msgList=new ArrayList( );
        MessageAdapter adapter;
        SQLiteHelper helper;
        String myphone,friendphone;
    @ Override
    protected void onCreate( Bundle savedInstanceState) {
    super. onCreate( savedInstanceState) ;
            setContentView( R. layout. activity_msg) ;
    helper=new SQLiteHelper( MessageActivity. this) ;
    lv_msg=( ListView) findViewById( R. id. lv_msg) ;
    edt_msg=( EditText) findViewById( R. id. edt_msg) ;
    btn_send=( Button) findViewById( R. id. btn_msg) ;
            getMsg( );//获取聊天记录
            //将以往的聊天记录填充到自定义适配器中
    adapter=new MessageAdapter( MessageActivity. this,0,msgList) ;
    lv_msg. setAdapter( adapter) ;
    //点击“发送”按钮,将消息显示到列表中,并存储到表中
    btn_send. setOnClickListener( new View. OnClickListener( ) {
    @ Override
    public void onClick( View v) {
                    String msg=edt_msg. getText( ). toString( ) ;
    if ( ! msg. equals( "" ) ) {
                            Message message=new Message( msg,Interface. SEND) ;
    msgList. add( message) ;
    adapter. notifyDataSetChanged( ) ;
    edt_msg. setText( "" ) ;
    //将当前用户发的信息存储到表中
    SQLiteDatabase db=helper. getWritableDatabase( ) ;
                        ContentValues values=new ContentValues( ) ;
                        values. put( " myphone" ,myphone) ;
                        values. put( " friendphone" ,friendphone) ;
                        values. put( " mymsg" ,msg) ;
```

```
                        db.insert("tbl_msg",null,values);
                            db.close();
                        }
                    }
                });
            }
    //定义获取聊天记录的方法
    public void getMsg() {
            Intent intent=getIntent();
    myphone=intent.getStringExtra("myphone");
    friendphone=intent.getStringExtra("friendphone");
            SQLiteDatabase db=helper.getWritableDatabase();
    //双方发送的消息都读取出来
            Cursor cursor=db.query("tbl_msg",null,"myphone=? and friendphone=? or
myphone=? and friendphone=?",
    new String[]{myphone,friendphone,friendphone,myphone},null,null,null,null);
    if (cursor.moveToFirst()) {
    do {
                String mymsg=cursor.getString(cursor.getColumnIndex("mymsg"));
                String myphone2=cursor.getString(cursor.getColumnIndex("myphone"));
                String friendphone2=cursor.getString(cursor.getColumnIndex("friendphone"));
    if (mymsg != null && myphone2.equals(myphone) ) {
                        Message msg=new Message(mymsg,Interface.SEND);
    msgList.add(msg);
                        }
    if(mymsg != null && friendphone2.equals(myphone)){
                            Message msg=new Message(mymsg,Interface.RECEIVED);
    msgList.add(msg);
                        }

                } while (cursor.moveToNext());
            }
            db.close();
        }
    }
```

5. 运行程序

启动应用程序，进入登录界面，点击右下角的“注册”，进入注册页面。本案例注册了3个用户，以其中一个用户登录后可以看到另外两个用户，如图5.12所示。

点击“编程高手”进入留言窗体，可以进行留言，对方在登录后才能看到。留言窗体如图 5. 13 所示。

图 5. 12　成功登录后的界面

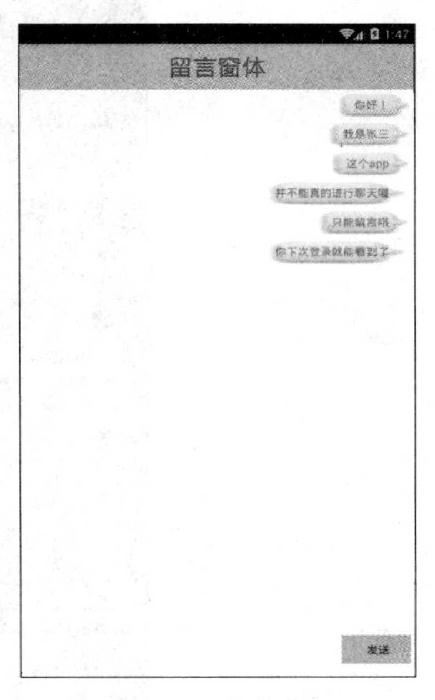

图 5. 13　留言窗体

退出登录，重新以用户名为“编程高手”，手机号为 13333333333 的用户登录，界面显示如图 5. 14 所示。

从图 5. 13 中可以看到用户名为“我是编程爱好者”的用户给当前用户留言在条数为 6 条，点击可进行查看还能继续留言，效果如图 5. 15 所示。

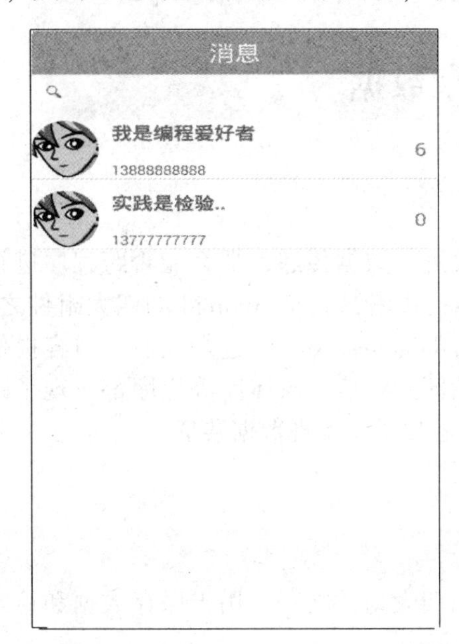

图 5. 14　重新登录后的界面显示

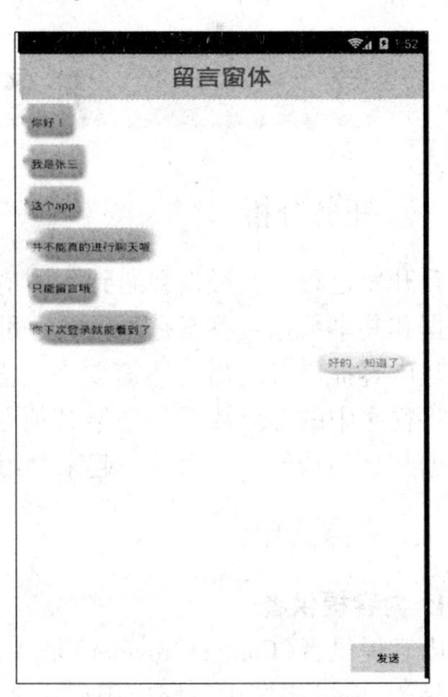

图 5. 15　继续留言界面

对好友列表项进行长按，会出来上下文菜单“删除留言信息”，如图 5.16 所示。

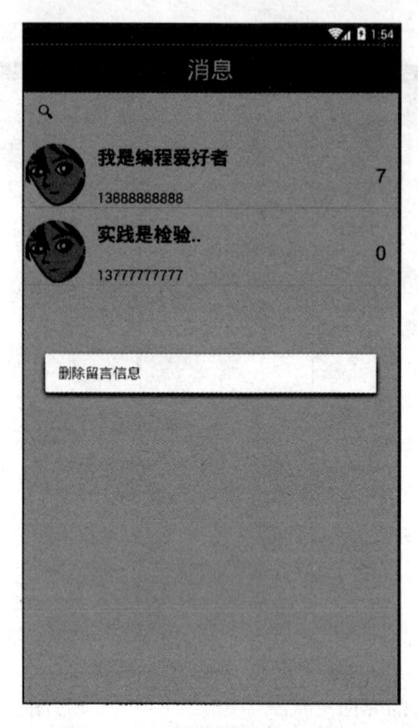

图 5.16　删除留言信息界面

点击“删除”会将当前选中的列表项从数据库中删除留言信息，删除完后，显示留言条数为 0。

任务三　共享数据

一、任务分析

在开发过程中，经常会遇到不同应用程序间要进行数据传递，那么能否跨程序进行传递数据和共享数据？答案是可以的。可以使用内容提供者，它是 Android 的四大组件之一。在创建内容提供者之后，还需要在配置文件 AndroidManifest. xml 中进行注册。内容提供者可以将程序中的部分数据共享给其他程序，如电话簿、短信、媒体库等程序都实现了跨程序数据共享的功能。下面，一起来学习如何利用内容提供者实现数据共享。

二、相关知识

1. 内容提供者

内容提供者(ContentProvider)是 Android 系统的四大组件之一，用于保存数据和检索数据，是 Android 系统中不同应用程序之间共享数据的接口。

内容提供者的行为和数据库很像。你可以查询、编辑它的内容，使用 insert(　　)、

update(　　)、delete(　　) 和 query(　　) 来添加或者删除内容。在多数情况下，数据被存储在 SQLite 数据库。

内容提供者是不同应用程序之间进行数据交换的标准 API，它以 Uri 的形式对外提供数据，允许其他应用程序操作本应用数据。

在介绍内容提供者的使用前，我们先来认识一下 Uri。

[scheme:][//authority][path][? query][#fragment]

Uri 由以下几部分组成：scheme、authority 是必要的，其他几个 path、query、fragment，可要或不要，但顺序不能变。如：content://cn. shejiaohua. chapter5/test，其中，“content://”称为 scheme 部分，是一个标准的前缀，表明这个数据被内容提供者所控制，它不会被修改；“cn. shejiaohua. chapter5”称为 authorities 部分，该值必须唯一，它表示 ContentProvider 的名称；“/test”称为 path 部分，代表请求的数据，当访问者需要操作不同数据时，这个部分是动态改变的。

Uri 的几个常用方法如下：

Uri. parse(String str)方法是将字符串转化成 Uri 对象。为了解析 Uri 对象，Android 系统提供了一个辅助工具类 UriMatcher 用于匹配 Uri。

(1) public UriMatcher(int code)：创建 UriMatcher 对象时调用，参数通常使用 UriMatcher. NO_MATCH,表示路径不满足条件返回-1。

(2) public void addURI(String authority, String path, int code)：添加一组匹配规则，authority 即 Uri 的 authoritites 部分，path 即 Uri 的 path 部分，code 是成功匹配后返回给方法的值。

(3) public int match(Uri uri)：匹配 Uri 与 addURI 方法相对应，匹配成功则返回 addURI 方法中传入的参数 code 的值。

如：Uri uri = Uri. parse("content://cn. shejiaohua. chapter5/test")，该方法是将括号里的 Uri 字符串地址转换成 Uri 对象，作为参数传入 ContentResolver 对应的方法中，从而实现数据的访问。

使用内容提供者的步骤如下：

(1) 创建内容提供者。

由于系统提供的内容提供者类是一个抽象类，所以需要定义它的子类并重写其 6 个抽象方法。以下简单介绍这 6 个重写的方法：

① onCreate(　　)方法：创建内容提供者的时候调用，通常会在这里完成初始化操作。

② query(Uri uri, String[] projection, String selection, String[] selectionArgs。String sortOrder)方法：根据传入的 Uri 查询指定条件下的数据。Uri 参数用于确定查询哪张表；projection 参数用于确定查询哪些列；Selection 用于查询的条件，类似 sql 语句中 where 后面的查询条件；selectionArgs 用于当查询条件中含有点位符，则给点位符传值；sortOrder 参数用于对结果进行排序。该方法查询的结果存放在 Cursor 游标对象中。

③ insert(Uri uri, ContentValues values)方法：根据传入的 Uri 插入数据。方法中 Uri 参数用于确定要添加到的表，待添加的数据保存在 ContentValues 对象中。添加完成后，返回一个用于表示这条新记录的 Uri 。

④ update(Uri uri, ContentValues values, String selection, String[ ] selectionArgs)方法：根据传入的 Uri 更新指定条件下的数据。方法中的 Uri 参数用于确定更新哪一张表中的数据；新数据保存在 ContentValues 对象中；Selection 用于修改的条件，类似 sql 语句中 where 后面的内容；electionArgs 用于如果 Selection 的修改条件中含有点位符，则该参数给点位符传值。该方法的结果是返回受影响的行数。

⑤ delete(Uri uri, String selection, String[ ] selectionArgs)方法：根据传入的 Uri 从内容提供者中删除指定的数据。Uri 参数用于确定删除哪一张表中的数据；Selection 用于删除行的条件，类似 sql 语句中 where 后面的内容；electionArgs 用于如果 Selection 的删除条件中含有点位符，则该参数给点位符传值。该方法的结果是返回受影响的行数。

⑥ getType(Uri uri)方法：根据传入的内容 Uri 来返回相应的 MIME 类型。

(2) 注册内容提供者。

ContentProvider 是 Android 的四大组件之一，因此需要和 Activity 一样在 AndroidManifest 文件中注册。如：

```
<provider
android:name=". TestProvider"
android:authorities=" cn. shejiaohua. chapter5"
android:exported=" true"/>
```

在上述代码中，android: name 代表该 Provider 类所属包的全路径名称，android: authorities 表示其他应用程序访问该内容提供者的路径，这里的路径要求是唯一的。android: exported 属性值可以是 true 或 false，当值为 true 时，表示该提供者可以被其他应用程序使用；为 false 时，则不能被调用。

2. 使用 ContentResolver 操作数据

对于每一个应用程序来说，如果想要访问内容提供器中共享的数据，就一定要借助

ContentResolve 类，通过 Context 中的 getContentResolver(　　)方法获取该类的实例。ContentResolver 和 SQLite 类似，一样有增删改查的方法，而且参数的含义都差不多，就不再重复介绍。不同的是：ContentResolver 中的增删改查方法都是不接收表名参数的，而是使用一个 Uri 参数代替，该 Uri 给内容提供器中的数据建立了唯一标识符，如 Uri. parse(“content://cn. shejiaohua. chapter5/test”)。那么系统将会对 authorities 为 cn. shejiaohua. chapter5 的内容提供者进行操作，操作的数据为 test 的表。

接下来，通过一个具体的案例来演示如何应用内容提供者来提供需要共享的数据和接口，如何通过 ContentResolver 来实现跨程序数据共享及操作。

三、任务实施

在应用程序 SheJiaoHua_503 中创建表(电话号码、密码、昵称、地址及年龄)，自定义内容提供者，提供共享数据。应用程序 SheJiaoHua_504 通过电话号码查询到共享数据中的其他数据。

(1) 在项目 SheJiaoHua_503 中创建类 SqlHelper，继承 SQLiteOpenHelper，具体代码如下所示：

```
public class SqlHelper extends SQLiteOpenHelper {
```

```
    public SqlHelper(Context context) {
        //设置数据库名
        super(context,"users.db",null,1);
    }
    @Override
    public void onCreate(SQLiteDatabase db) {
        //创建表
        String sql="create table tbl_user(phone varchar(11) primary key,pass char(6)," +
                "name varchar(10),address text,age int)";
      db.execSQL(sql);
    }
    @Override
    public void onUpgrade(SQLiteDatabase db,int oldVersion,int newVersion) {
    }
}
```

往布局文件 activity_main. xml 中添加按钮，实现点击按钮后往表中添加数据。界面如图 5. 17 所示。

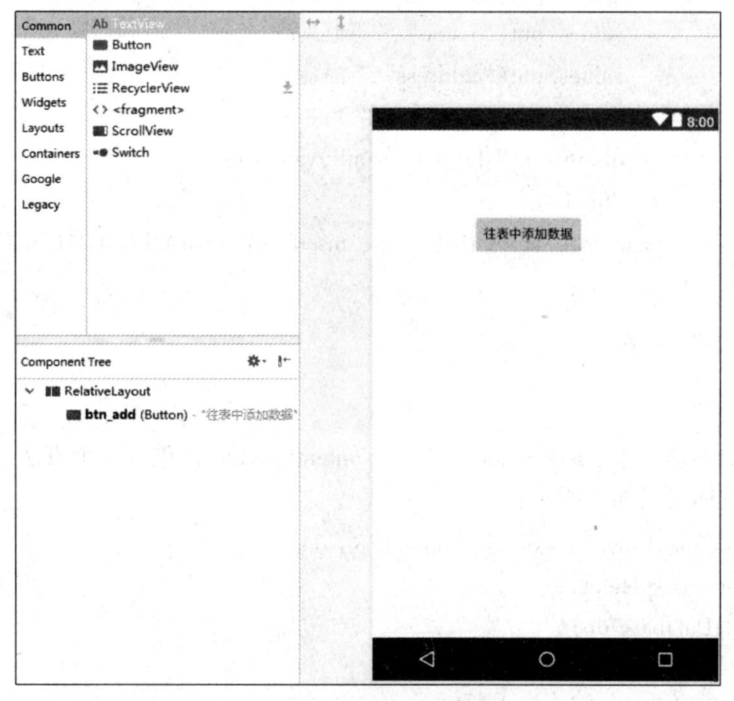

图 5. 17 往表中添加数据界面

编写活动页 MainActivity. java 的业务逻辑代码，实现添加数据功能。具体代码如下所示：

```
public class MainActivity extends AppCompatActivity {
```

```
Button btn_add;
    SqlHelper sqlHelper;
    SQLiteDatabase db;
    @ Override
    protected void onCreate( Bundle savedInstanceState) {
        super. onCreate( savedInstanceState);
        setContentView( R. layout. activity_main);
        btn_add =   findViewById( R. id. btn_add);
        sqlHelper = new SqlHelper( MainActivity. this);
        btn_add. setOnClickListener( new View. OnClickListener( ) {
            @ Override
            public void onClick( View v) {
              //往表中插入数据,通过内容提供器共享数据,供其他应用程序访问
                db = sqlHelper. getReadableDatabase( );
                ContentValues values = new ContentValues( );
                values. put( "phone" , "13888888888" );
                values. put( "pass" , "123456" );
                values. put( "name" , "王旺" );
                values. put( "address" , "福建" );
                values. put( "age" , "18" );
                db. insert( "tbl_user" , null, values);
                db. close( );
        Toast. makeText( MainActivity. this, "insert ok!" , Toast. LENGTH_SHORT).show( );
            }
        });
    }
}
```

最后创建内容提供者 UserProvider，继承 ContentProvider，重写 6 个方法。这里只使用了查询的方法，具体代码如下所示：

```
public class UserProvider extends ContentProvider {
    SqlHelper sqlHelper;
    SQLiteDatabase db;
    static UriMatcher uriMatcher;
    static final int matcherCode = 1;
    static {
         uriMatcher = new UriMatcher ( UriMatcher. NO_MATCH ) ;//UriMatcher. NO_
MATCH 表示路径不满足条件返回 1
    uriMatcher. addURI( "cn. shejiaohua. test" , "tbl_user" , matcherCode) ;//定义匹配规则
```

```
}
    @ Override
    public boolean onCreate( ) {
        sqlHelper=new SqlHelper( getContext( ) ) ;
        return false;
    }
    //查询方法
    @ Nullable
    @ Override
    public Cursor query ( @ NonNull Uri uri , @ Nullable String[ ] projection , @ Nullable
String selection , @ Nullable String[ ] selectionArgs , @ Nullable String sortOrder) {
        db = sqlHelper. getReadableDatabase( ) ;
        int code = uriMatcher. match( uri) ;//匹配 Uri 与 addURI 方法相对应,匹配成功
则返回 addURI 方法中传入的参数 code 的值,这里是 matcherCode 的值
        if( code = = matcherCode) {
              Cursor cursor = db. query ( " tbl_user" , projection , selection , selectionArgs ,
sortOrder , null , null) ;
            return cursor;
        }
        return null;
    }
    @ Nullable
    @ Override
    public String getType( @ NonNull Uri uri) {
        return null;
    }

    @ Nullable
    @ Override
    public Uri insert( @ NonNull Uri uri , @ Nullable ContentValues values) {
        return null;
    }
    @ Override
    public int delete( @ NonNull Uri uri , @ Nullable String selection , @ Nullable String[ ]
selectionArgs) {
        return 0;
    }
    @ Override
```

```
        public int update(@NonNull Uri uri,@Nullable ContentValues values,@Nullable
String selection,@Nullable String[] selectionArgs) {
            return 0;
        }
    }
```

创建完内容提供者，别忘了在配置文件 AndroidManifest. xml 中进行注册，代码如下：

```
<provider
            android:name=". UserProvider"
            android:authorities=" cn. shejiaohua. test"
            android:exported=" true"/>
```

（2）在项目 SheJiaoHua_504 中布局文件 activity_main. xml，具体如图 5. 18 所示。

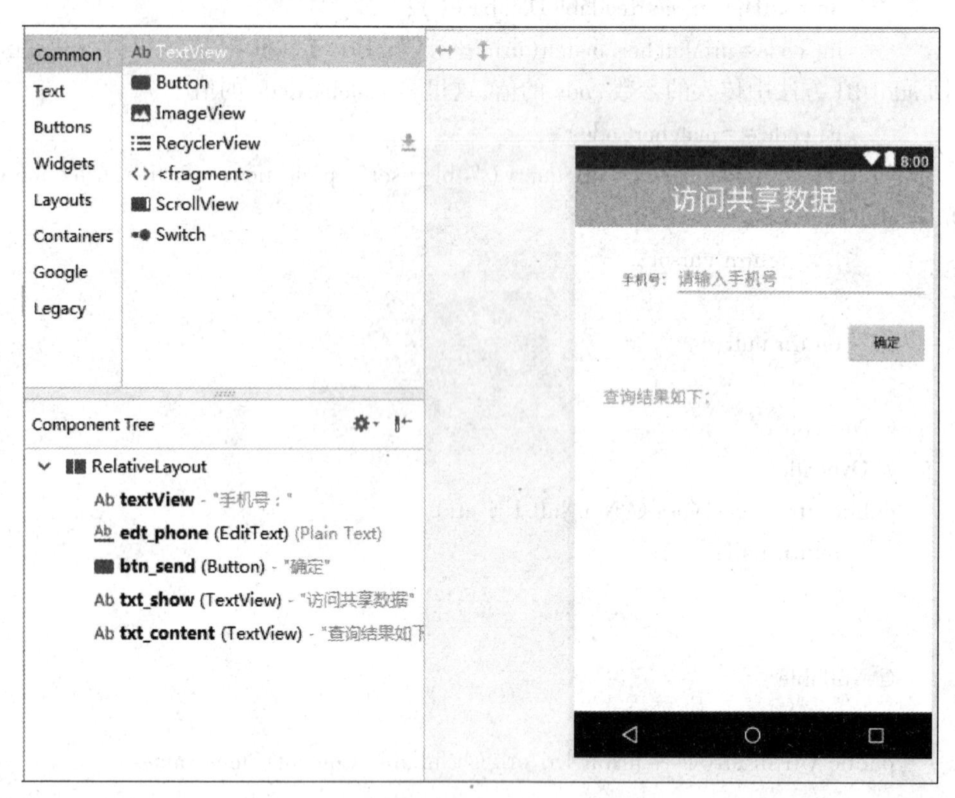

图 5. 18　布局文件 activity_main. xml

编写活动页 MainActivity. java 的逻辑代码，访问 SheJiaoHua_ 503 提供的共享数据，具体代码如下所示：

```
public class MainActivity extends AppCompatActivity {

    EditText edt_phone;
    Button btn_send;
```

```
    TextView txt_content;

        @ Override
        protected void onCreate( Bundle savedInstanceState) {
            super. onCreate( savedInstanceState) ;
            setContentView( R. layout. activity_main) ;
            edt_phone = findViewById( R. id. edt_phone) ;
            btn_send = findViewById( R. id. btn_send) ;
            txt_content = findViewById( R. id. txt_content) ;
            btn_send. setOnClickListener( new View. OnClickListener( ) {
                @ Override
                public void onClick( View view) {
                    ContentResolver resolver = getContentResolver( ) ;
                    //系统将会对 authorities 为 cn. shejiaohua. test 的 ContentProvider 进
行操作,操作的数据为 tbl_user 表
                    Uri uri = Uri. parse( " content://cn. shejiaohua. test/tbl_user" ) ;
                    //根据电话号码查询其他内容
                    Cursor cursor = resolver. query( uri, null, " phone = ?" , new String[ ] { edt
_phone. getText( ) . toString( ) } , null) ;
                    if( cursor. moveToFirst( ) ) {
                        do{
                            String
    name = cursor. getString( cursor. getColumnIndex( " name" ) ) ;
                            String
    address = cursor. getString( cursor. getColumnIndex( " address" ) ) ;
                            int age = cursor. getInt( cursor. getColumnIndex( " age" ) ) ;
                            txt_content. setText( " 利用内容提供者获取的数据如下: \n\n
昵称: " +name+" \n" + " 地址: " +address+" \n 年龄: " +age) ;
                            txt_content. setTextColor( Color. RED) ;
                            txt_content. setTextSize( 24f) ;
                        } while( cursor. moveToNext( ) ) ;
                    }
                    cursor. close( ) ;
                }
            }) ;
        }
    }
```

(3) 先运行项目 SheJiaoHua_503，实现表中有数据，添加成功后会出现"insert ok!"的提示，界面如图 5.19 所示。

接着运行项目 SheJiaoHua_504，输入电话号码，点击查询，显示查询的内容。界面如图 5.20 所示。

图 5.19 "insert ok!"提示界面

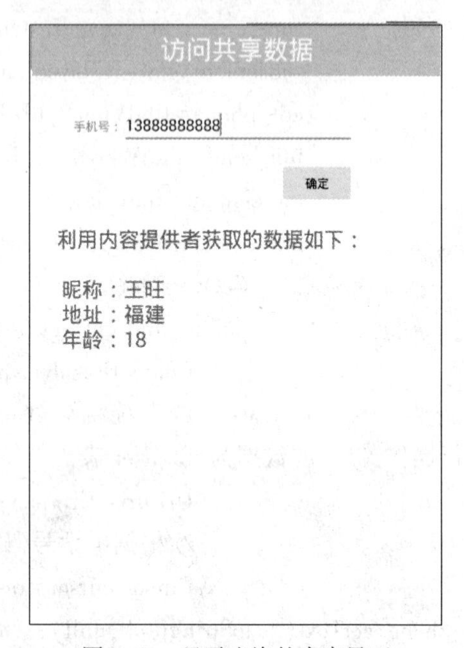

图 5.20 显示查询的内容界面

本章小结

本章介绍了轻量级存储对象 SharedPreferences 及轻量级数据库 SQlite，介绍了如何使用 SQLite 数据存储过程中的两个重要的类，一个是 SQLiteOpenHelper 类，另一个是 SQLiteDatabase 类。SQLiteDatabase 类提供了 insert( )、update( )、delete( )及 query( )方法，这些方法封装了执行添加、更新、删除及查询的 SQL 命令。最后，本章介绍数据共享需要用到的内容提供者和 ContentResolve 两个类。本章的内容在实际开发中经常被使用，大家要熟练应用。

习 题

(1) 简述 SharedPreferences 是如何存储数据的。

(2) 简要说明 SQLite 数据库创建的过程。

(3) 简述内容提供者和 ContentResolver 各自的作用。

(4) 创建数据库 phone.db 和表 tbl_phone(String phone，String name)，设计如图 5.21 所示的界面。

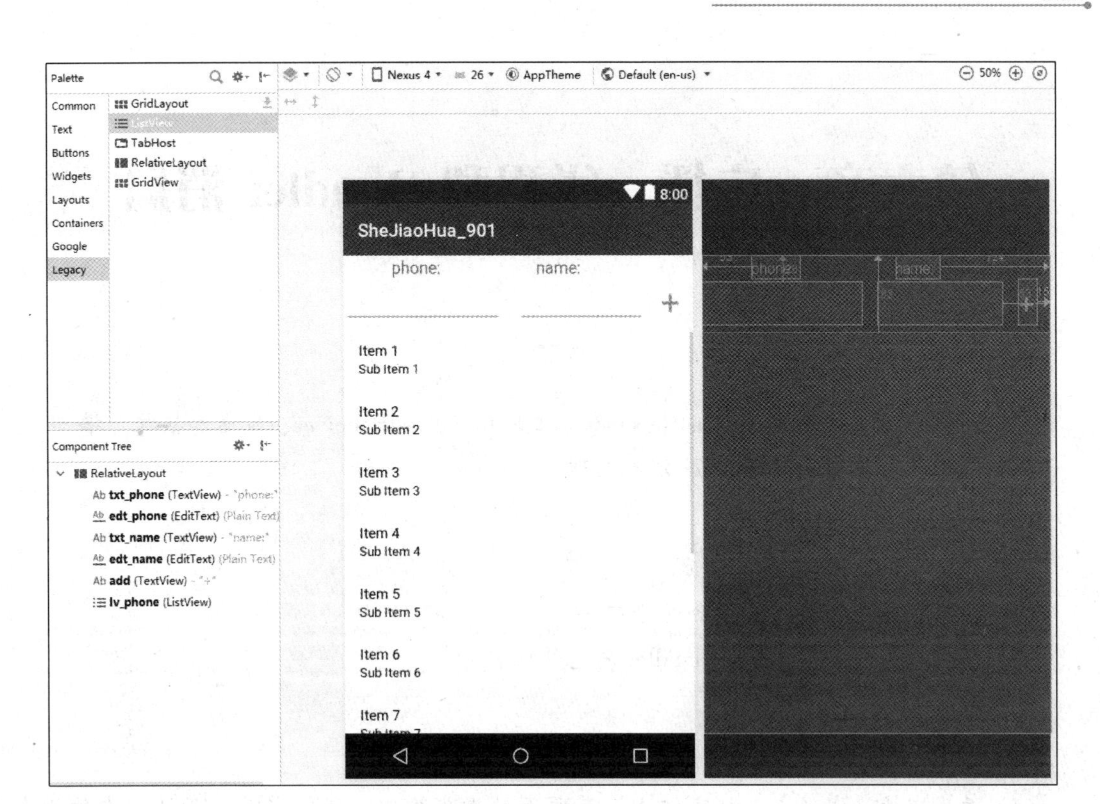

图 5.21　习题(4)图例

实现在两个文本编辑框中输入电话和姓名，点击“+”，将电话和姓名添加到表 tbl_phone 中并显示到 listView 控件上。

第六章　广播、线程和 Handler 消息

知识点

（1）创建广播接收器 BroadCastReceiver、注册 BroadCastReceiver、发送和接收广播。

（2）线程的基本用法、Handler 消息处理。

能力点

（1）学会创建广播接收器，会注册广播。

（2）掌握线程的基本用法、Handler 消息处理。

任务描述

（1）运用广播，实现点击社交化 App 某页面的退出按钮，能将当前处于活动中的所有 Activity 关闭。

（2）运用线程和 Handler 消息处理类，实现每隔一秒生成一个随机数。

任务一　广播

一、任务分析

案例——运用广播，实现点击社交化 App 某页面的退出按钮，能将当前处于活动中的所有 Activity 关闭。需要用到的知识有广播创建、在所有 Activity 的父类中注册广播以及发送广播。

二、相关知识

Android 广播简单来讲分为两个方面：广播发送者和广播接收者。要使用广播接收者接收其他应用程序发出的广播，先要在本应用中创建广播接收者并进行注册。注册广播有两种方式：静态注册和动态注册。

1. 发送广播

Android 系统会发送许多系统级别的广播，比如网络变化、电池电量低等广播。对于系

统发出的广播，只需创建对应的广播接收者并注册广播即可，当这些系统级别的广播事件不能满足实际需求时，就需要自定义广播，格式如下所式：

```
Intent intent=new Intent();
    intent.setAction("cn.shejiahua.chapter6");
    sendBroadcast(intent);
```

首先创建一个 Intent 对象，然后通过 Intent. setAction（“cn. shejiahua. chapter6”）语句指定广播事件的类型，最后通过 sendBroadcast(intent)语句将广播发送出去。广播事件的类型需要进行注册，具体在下一个知识点讲解。

2. 创建广播接收者

要对监听到的广播事件进行处理，需要创建继承 BroadcastReceiver 的类，然后在类中重写 onReceive(　　)方法，如：

```
public classBroadReceiver extends BroadcastReceiver {
@Override
public void onReceive(Context context,Intent intent) {
        Toast.makeText(context,"我是广播接收者,有接收到广播",
Toast.LENGTH_SHORT).show();
    }
}
```

BroadReceiver 继承 BroadcastReceiver，重写 onReceive(　　)方法。当程序监听到有广播发出时，就会调用 onReceive(　　)方法，在 onReceive(　　)中做出响应。

3. 静态注册广播

使用静态注册广播，当应用退出后，仍然能够收到相应的广播。创建好广播接收者后，在清单文件 AndroidManifest. xml 中注册监听器，定义<intent-filter>中感兴趣的 action 操作。静态注册的方式具体代码如下所示：

```
<receiver android:name=".BroadReveiver">
    <intent-filter>
    <action android:name="cn.shejiahua.chapter6"/>
    </intent-filter>
    </receiver>
```

在上述代码中，android：name＝". BroadReveiver"是上一个知识中创建的广播接收者，格式可以用“.”加类名，也可以用完整的路径名。在<intent-filter>过滤器中指定要接收的广播事件，这里的事件类型"cn. shejiahua. chapter6"与发送广播的事件类型要对应。例如，上一个知识点发送广播中的代码 intent. setAction（"cn. shejiahua. chapter6"），括号中的类型要和此处注册的事件类型一致。

4. 动态注册广播

动态注册广播依赖于注册广播的组件的生命周期，例如，在 Activity 中注册广播接收者，当 Activity 销毁后广播也随之被移除。这种广播事件在代码中注册，具体代码如下所示：

```
BroadReceiver receiver =new BroadReceiver ( );
    @ Override
    protected voidonCreate( Bundle savedInstanceState) {
    super. onCreate( savedInstanceState) ;
        setContentView( R. layout. activity_login) ;
        IntentFilter intentfilter=new IntentFilter( ) ;
        intentfilter. addAction( " cn. shejiahua. chapter6" ) ;
        registerReceiver( receiver,intentfilter) ;
    }
```

上述代码就是在 Activity 代码中注册的广播事件，BroadReceiver 是继承自 BroadCastReceiver 的类。动态注册与清单文件中的注册一样，同样需要进行过滤，IntentFilter 接收的是监听的广播事件。

最后，我们用 registerReceiver 函数进行注册，将 BroadCastReceivr 的实例和 IntentFilter 实例都传进去。这样 BroadReceivr 就可以接收类型为 cn. shejiahua. chapter6 的广播，从而实现监听功能。

与清单文件注册广播不同的是，动态注册需要手动取消，例如在 Activity 的 onCreate( )中注册了广播，就要在 onDestory( )中取消广播。取消广播的代码如下所示：

```
    @ Override
    protected void onDestroy( ) {
    super. onDestroy( ) ;
    unregisterReceiver( networkChangeReceiver) ;//取消广播
    }
```

需要注意的是，广播接收者的生命周期是非常短暂的——在接收到广播的时候创建，onReceive( )方法结束之后销毁。

三、任务实施

运用广播，实现点击某页面的退出按钮，能将当前处于活动中的所有 Activity 关闭。

1. 创建程序

创建一个名为“SheJiaoHua_601”的应用程序。添加 MainActivity 及布局文件，布局文件的界面效果如图 6.1 所示。

添加登录后的窗体 MsgActivity 及布局文件，布局文件的界面如图 6.2 所示。

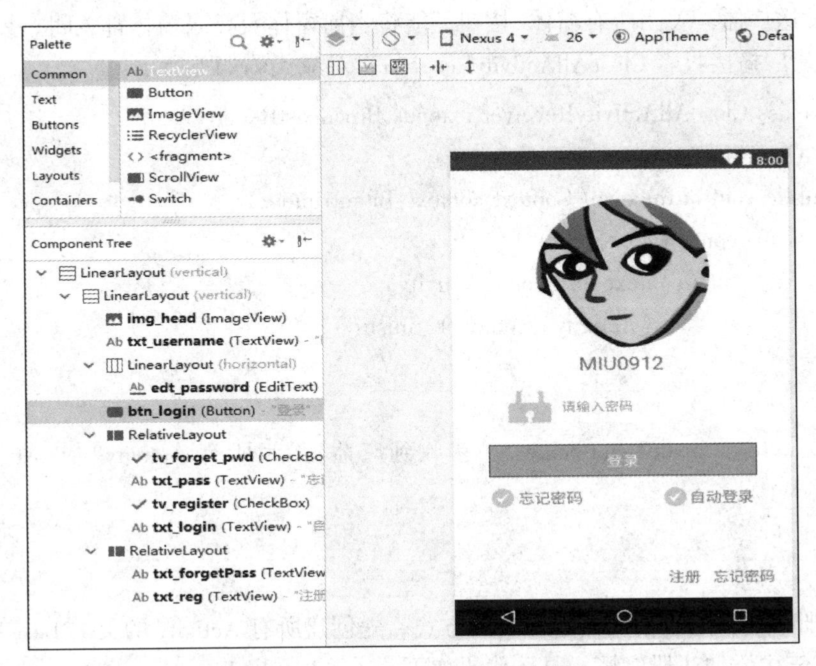

图 6.1　添加的布局文件界面效果

图 6.2　添加登录后的窗体及布局文件

点击“发送广播，关闭所有窗体”按钮，能将当前窗体及登录窗体都关闭。具体步骤：

（1）创建广播接收者 CloseAllActivityRevciver，对应代码如下所示：

```
public class CloseAllActivityReveiver extends BroadcastReceiver {
    @ Override
    public void onReceive( Context context, Intent intent) {
        if (context ! = null) {
            if (context instanceof Activity) {
                ((Activity) context). finish( );
            }
        }
        Toast. makeText( context, " 接收到广播,关闭所有 Activity" , Toast. LENGTH_
SHORT). show( );
    }
}
```

（2）注册广播，这里使用动态注册的方式。先创建所有 Activity 的父类 BaseActivity，再在 BaseActivity 中添加注册广播。具体代码如下：

```
public class BaseActivity extends AppCompatActivity {
    CloseAllActivityReveiver receiver=new CloseAllActivityReveiver ( );//实例化广播接
收者
    @ Override
    protected void onCreate( @ Nullable Bundle savedInstanceState) {
        super. onCreate( savedInstanceState);
        IntentFilter intentfilter=new IntentFilter( );
        intentfilter. addAction( " cn. shejiahua. chapter6" );
        registerReceiver( receiver, intentfilter);
    }
    @ Override
    protected void onDestroy( ) {
        super. onDestroy( );
        unregisterReceiver( receiver);
    }
}
```

在 onCreate(　　)方法中创建一个 IntentFilter 实例，将 CloseAllActivityReveiver 的实例和 IntentFilter 实例添加到 registerReceiver(　　)方法中。这样，CloseAllActivityReveiver 就可以接收类型为 cn. shejiahua. chapter6 的广播。

（3）编写 MainActivity 代码，实现页面跳转，具体代码如下所示：

```
public class MainActivity extends BaseActivity {
```

```
        EditText edt_pass;
        Button btn_login;
        @Override
        protected void onCreate(Bundle savedInstanceState) {
            super.onCreate(savedInstanceState);
            setContentView(R.layout.activity_main);
            edt_pass=findViewById(R.id.edt_password);
            btn_login=findViewById(R.id.btn_login);
            //点击"登录"按钮,实现页面跳转
            btn_login.setOnClickListener(new View.OnClickListener() {
                @Override
                public void onClick(View view) {
                    if(edt_pass.getText().toString().equals("123456")){
                        Intent intent=new Intent(MainActivity.this,MsgActivity.class);
                        startActivity(intent);
                    }
                }
            });
        }
    }
```

（4）编写 MsgActivity，实现点击按钮关闭所有处在活动状态的 Activity。具体代码如下所示：

```
    public class MsgActivity extends BaseActivity {
        Button btn_send;
        @Override
        protected void onCreate(Bundle savedInstanceState) {
            super.onCreate(savedInstanceState);
            setContentView(R.layout.activity_msg);
            btn_send=findViewById(R.id.btn_send);
            btn_send.setOnClickListener(new View.OnClickListener() {
                @Override
                public void onClick(View view) {
                    Intent intent=new Intent();
                    intent.setAction("cn.shejiahua.chapter6");
             sendBroadcast(intent);
                }
            });
        }
    }
```

代码中创建了一个 Intent 对象，然后通过 Intent. setAction(“cn. shejiahua. chapter6”)语句指定了广播事件的类型，最后通过 sendBroadcast(intent)语句将广播发送出去。这里的广播事件类型和注册广播的类型一致。

(5) 运行项目，点击“发送广播，关闭所有窗体”按钮，所有 Activity 都关闭。效果如图 6.3和图 6.4 所示。

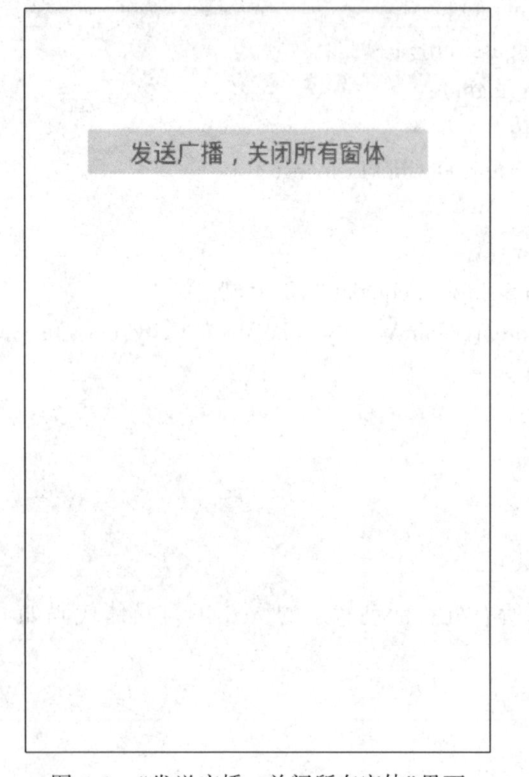

图 6.3 “发送广播，关闭所有窗体”界面

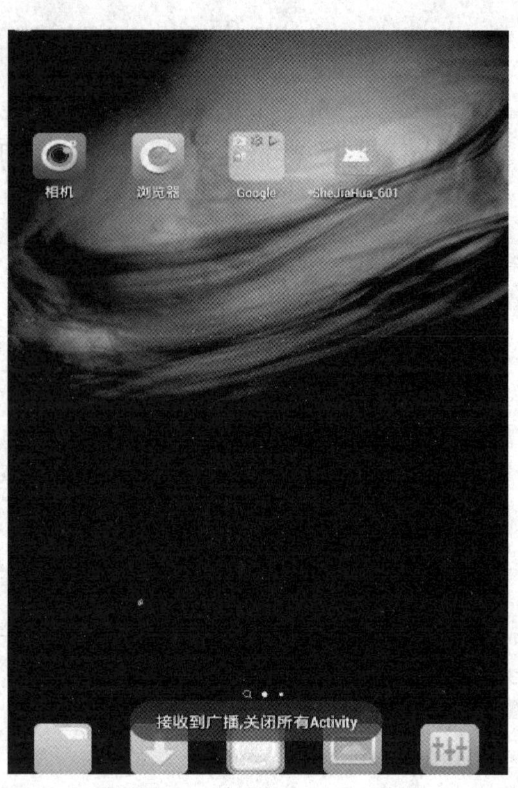

图 6.4 关闭所有 Activity 后的界面

任务二　多线程和 Handler 消息处理

一、任务分析

“任务描述”中的任务要实现每隔一秒生成一个随机数，这需要涉及的知识点有线程和 Handler 消息处理机制。

二、相关知识

1. 多线程

进程是指一个内存中运行的应用程序。每个进程都有自己独立的一块内存空间，一个进程中可以启动多个线程。

线程是指进程中单一顺序的执行流。多线程程序是指一个程序中包含有多个执行流。线程总是属于某个进程，进程中的多个线程共享进程的内存。

每个线程都要经历创建、就绪、运行、阻塞和死亡共5个状态。线程从产生到消失的状态变化过程称为生命周期。

(1) 创建状态。当通过new命令创建了一个线程对象时，则该线程对象就处于创建状态。

(2) 就绪状态。处于创建状态的线程对象通过start( )方法进入就绪状态。start( )方法同时调用了线程体，即run( )方法，表示线程对象正等待CPU资源，随时可被调用执行。

(3) 运行状态。当CPU开始调度处于就绪状态的线程时，此时线程才得以真正执行，即进入运行状态。

(4) 阻塞状态。处于运行状态中的线程由于某种原因，暂时放弃对CPU的使用权，停止执行，此时进入阻塞状态，直到其进入就绪状态，才有机会再次被CPU调用以进入运行状态。例如，用线程的sleep( )请求时，线程会进入阻塞状态。当sleep( )状态超时或者处理完毕时，线程重新转入就绪状态。

(5) 死亡状态。线程执行完了或者因异常退出了run( )方法，该线程结束生命周期。

创建一个线程有两种方法：

方法一：新建的类继承Thread，然后重写父类的run( )方法，并在其中编写需要执行的代码，如下所示：

```
class MyThread extends Thread {
    @Override
public void run() {
        //业务逻辑代码
    }
}
```

接着，通过new创建一个新线程对象，MyThread thread=new MyThread( );

然后调用thread.start( )方法，而start( )方法同时调用了线程体，也就是run( )方法。

方法二：选择使用实现Runnable接口的方式来定义一个线程，如下所示：

```
class MyThread implements Runnable {
    @Override
    public void run() {
    //处理具体的逻辑
    }
}
```

使用这种方法，启动线程的方法也需要进行相应的改变，如下所示：

```
MyThread myThread = new MyThread();
new Thread(myThread).start();
```

以上代码，创建 Runnable 实现类的实例，并以此实例作为参数传入了 Thread 的构造函数里。同时，调用 Thread 的 start(　　)方法启动线程，这样也就调用了线程体，也就是 run(　　)方法。

和许多其他的 GUI 库一样，Android 的 UI 也是线程不安全的。也就是说，如果想要更新应用程序里的 UI 元素，则必须在主线程中进行，否则就会出现异常。

具体看下面的例子。该例子实现的功能是当点击按钮“启动”时，文本标签每隔一秒会随机生成一个 1~100 的数，点击按钮“停止”，显示在文本标签上的数字为幸运数。

新建项目，设计布局文件，界面如图 6.5 所示。

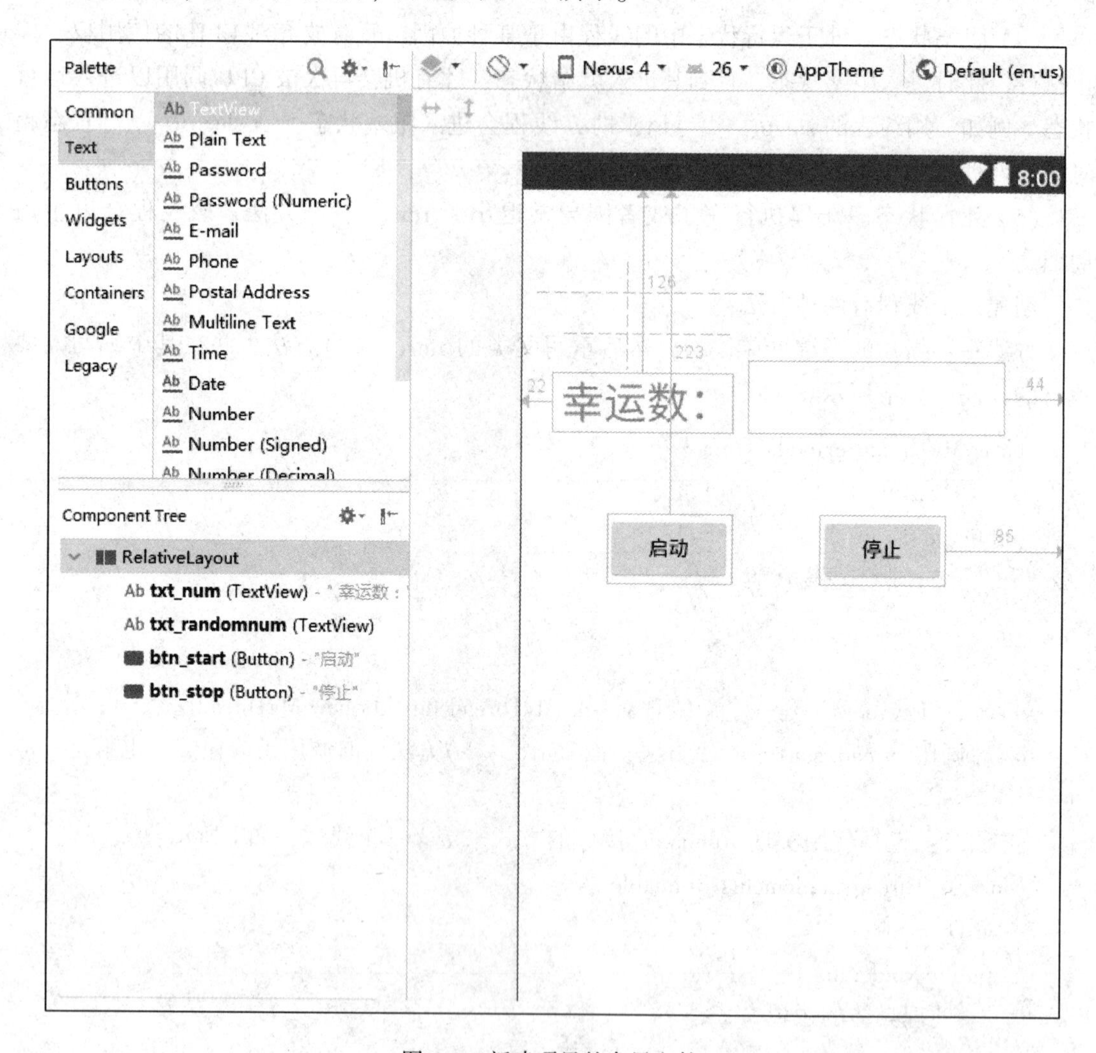

图 6.5　新建项目的布局文件

编写 Activity 代码如下：

```
public class ThreadActivity extends AppCompatActivity {
    //声明控件
TextView txt_randomNum;
    Button btn_start,btn_stop;
    MyThread thread;

    @Override
    protected void onCreate(Bundle savedInstanceState) {
        super.onCreate(savedInstanceState);
        setContentView(R.layout.layout_thread);
        txt_randomNum=findViewById(R.id.txt_randomnum);
        btn_start=findViewById(R.id.btn_start);
        btn_stop=findViewById(R.id.btn_stop);
        //"启动"按钮
        btn_start.setOnClickListener(new View.OnClickListener() {
            @Override
            public void onClick(View view) {
                thread=new MyThread();//创建线程对象
                thread.start();//启动线程
            }
        });
    }

    //创建一个新线程
    class MyThread extends Thread{
        //重写run()方法
        @Override
        public void run() {
            super.run();
            while(true) {
                int index=(int) (Math.random() * 100) + 1;//index 存放随机数
                try {
                    sleep(1000); //休眠 1 秒
                } catch (InterruptedException e) {
                    e.printStackTrace();
                }
```

```
                txt_randomNum. setText(index+""); //将随机生成的数显示在文本标签
            }
        }
    }
}
```

启动项目，程序出现了异常，异常信息在 run 窗体中显示，具体如图 6.6 所示。

```
E/AndroidRuntime: FATAL EXCEPTION: Thread-128
        Process: cn.shejiaohua.chapter1, PID: 5033
        android.view.ViewRootImpl$CalledFromWrongThreadException: Only the original thread that created a view hierarchy can touch its views.
            at android.view.ViewRootImpl.checkThread(ViewRootImpl.java:6118)
            at android.view.ViewRootImpl.invalidateChildInParent(ViewRootImpl.java:881)
            at android.view.ViewGroup.invalidateChild(ViewGroup.java:4320)
            at android.view.View.invalidate(View.java:10935)
            at android.view.View.invalidate(View.java:10890)
            at android.widget.TextView.checkForRelayout(TextView.java:6579)
            at android.widget.TextView.setText(TextView.java:3813)
            at android.widget.TextView.setText(TextView.java:3671)
            at android.widget.TextView.setText(TextView.java:3646)
            at cn.shejiaohua.chapter1.ThreadActivity$MyThread.run(ThreadActivity.java:48)
```

图 6.6　显示在 run 窗体中的异常信息

其中 java：48 指的是 48 行出现异常。点击该链接，程序中被选中的代码为：txt_randomNum. setText(index+"")。将 txt_randomNum. setText(index+"");这行代码删掉，重启项目，程序正常运行。可见，想要更新应用程序里的 UI 元素，则必须在主线程中进行，否则就会出现异常。

那如何处理上述异常呢？Android 提供了一套异步消息处理机制，可以解决在子线程中进行 UI 操作的问题。接下来，认识一下这套异步消息处理机制中的 Handler 对象。

2. Handler 消息处理

Handler 是 Android 消息机制的上层接口，通过发送和处理 Message 和 Runnable 对象来关联相对应线程的 MessageQueue。简单来讲，就是通过 Handler 可以修改应用程序里的 UI 元素。

Handler 类在多线程中有两方面的应用：

(1) 发送消息，在不同的线程间传递数据，使用的方法为 sendMessage(　　)。

(2) 定时执行任务，在指定的未来某时间执行某任务，使用的方法为 post(　　)。

一个线程只能有一个 Handler 对象，通过该对象向所在线程发送消息。Handler 除了给别的线程发送消息外，还可以给本线程发送消息。先来认识一下消息 Message 对象。

(1) Message 类。

在 Android 的多线程中，将需要传递的数据称为消息。而 Message 就是一个描述消息的数据结构类，而且 Message 包含了很多成员变量和方法。

Message 类的常用方法，如表 6.1 所示。

表 6.1　Message 类的常用方法

方　法	描　述
Message(　　)	创建 Message 消息对象的构造方法
obj	存放发送给接收器的 Object 类型的对象
int arg1	用于仅需要存储几个整型数据的消息
int arg2	用于仅需要存储几个整型数据的消息
int what	指定用户自定义的消息代码

（2）Handler 类。

Handler 类常用的方法如表 6.2 所示。

表 6.2　Handler 类常用的方法

方　法	说　明
handleMessage(Message msg)	Handler 的子类必须重写该方法来接收消息
sendEmptyMessage(int)	发送一个空的消息
sendMessage(Message)	发送消息
sendMessageAtTime(Message, long)	定时发送消息
sendMessageDelayed(Message, long)	延时多少毫秒发送消息
post(Runnable)	马上执行 Runnable 对象
postAtTime(Runnable, long)	在未来的时间点执行 Runnable 对象
postDelayed(Runnable, long)	延时多少毫秒执行 Runnable 对象

应用 Handler 对象发送的消息，格式如下：

① 首先创建新类 MyHander 继承 Handler 类。

② 创建该类对象为 handler。

③ 在线程的 run(　　)方法中添加如下代码：

```
public void run()
{
Message msg=new Message();//创建消息对象 msg
        msg.obj=index; //表示将 index 发送给接收器
    msg.what=1; //消息标志
handler.sendMessage(msg); //发送消息


}
```

创建一个 Message 对象，并将它的 what 字段的值指定为 1，然后调用 Handler 的 sendMessage(　　)方法将这条 Message 发送出去。通过 Handler 的 handleMessage(　　)方

法接收该消息并对它进行处理。

④ 在新类 MyHander 中添加重写 handleMessage 方法。

```
public void handleMessage(Message msg){// 接收消息
    if(msg.what==1){
    //将接收到的对象更新到应用程序里的 UI 元素
        }
    }
```

重写父类的 handleMessage 方法，对具体的 Message 进行处理，如果 Message 的 what 值为 1，则修改应用程序里的 UI 元素。

三、【任务实施】

修改上一个知识点线程中的案例"幸运数"的活动页代码，在代码中添加 Hanlder 类和 Message 类，实现在主线程中更新应用程序里的 UI 元素。具体代码如下所示：

```
public class ThreadActivity extends AppCompatActivity {
    TextView txt_randomNum;
    Button btn_start,btn_stop;
    MyHandler handler=new MyHandler();
    MyThread thread;
boolean flag=true;

    @Override
    protected void onCreate(Bundle savedInstanceState) {
        super.onCreate(savedInstanceState);
        setContentView(R.layout.activity_thread);
        txt_randomNum=(TextView) findViewById(R.id.txt_randomnum);
        btn_start=(Button) findViewById(R.id.btn_start);
        btn_stop=(Button) findViewById(R.id.btn_stop);
        btn_start.setOnClickListener(new View.OnClickListener() {
            @Override
            public void onClick(View view) {
                thread=new MyThread();
                flag=true;
                thread.start();
            }
        });
        btn_stop.setOnClickListener(new View.OnClickListener() {
            @Override
            public void onClick(View v) {
                flag=false;
```

```
            }
        });
    }
    //创建一个新线程
    class MyThread extends Thread{
        //重写 run()方法
        @Override
        public void run() {
            super.run();
            while(flag) {
                int index=(int) (Math.random() * 100) + 1;//index 存放随机数
                try {
                    sleep(1000);
                } catch (InterruptedException e) {
                    e.printStackTrace();
                }
                Message msg=new Message();
                msg.obj=index;
                msg.what=1;
                handler.sendMessage(msg); //发送消息
            }
        }
    }
    class MyHandler extends Handler {
        //接收消息的方法
        @Override
        public void handleMessage(Message msg) {
            super.handleMessage(msg);
            if(msg.what==1) {
                txt_randomNum.setText(msg.obj.toString());
            }
        }
    }
}
```

运行项目，点击“启动”按钮，结果如图 6.7 所示。

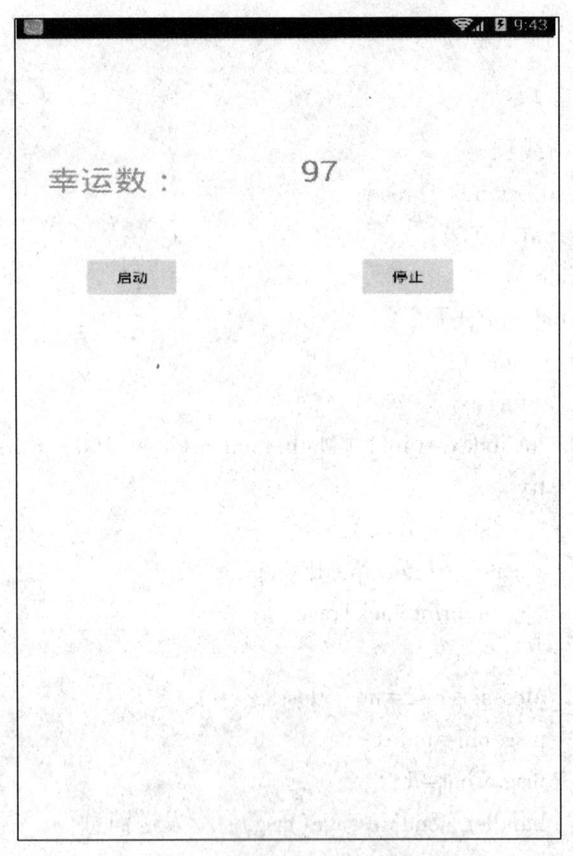

图 6.7　项目运行的最终幸运数

本章小结

本章介绍了如何创建广播接收者，如何注册广播及发送广播；接着介绍了线程，如何创建多线程，以及线程的生命周期；最后介绍了 Handler 消息处理机制中的两个重要类，一个是 Message 类，另一个是 Handler 类。其中线程和 Handler 消息处理在实际开发中很常用，需要大家理解并熟练掌握。

习　　题

(1) 说明注册广播有哪两种方式，并阐述其区别。
(2) 创建线程 Thread 类的子类，每隔 1 秒钟发送一个信号给主程序，主程序进行计数。
(3) 编程实现每隔 3 秒更换一张图片。

第七章 网络编程

知 识 点

(1) I/O 操作。
(2) 使用 HTTP 协议访问网络。
(3) 使用开源框架 android-async-http 访问网络。
(4) 将数据转换成 JSON 格式数据。
(5) 解析 JSON 格式数据。

能 力 点

(1) 能够使用 HTTP 协议访问网络。
(2) 掌握现在主流的访问网络的开源框架中的一种。
(3) 掌握解析 JSON 格式的数据。

任务描述

完成社交化注册功能的前端及后端。

任务一 输入流和输出流

一、任务分析

完成社交化注册功能的前端及后端，需要涉及数据的输入和输出。因此，需要认识一下输入流和输出流。

二、相关知识

1. 将数据存储到文件

在 Android 程序中，使用 FileOutputStream 将数据存储到外部文件中。

本节使用 Android 的 Context 类提供的 openFileOutput（ ）方法来创建 FileOutputStream 对象。openFileOutput（String name，int mode)方法有两个参数，其作用如下：

(1) 参数 name：用于指定文件名称，不能包含路径分隔符“/”。如果文件不存在，那么 Android 会自动创建它。创建的文件保存在/data/data/<package name>/files/目录下面。

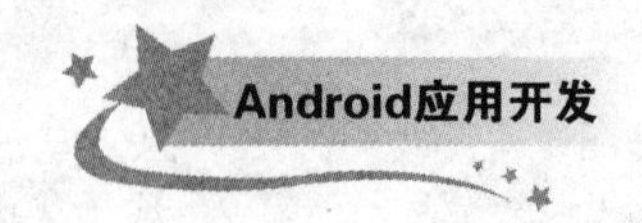

（2）参数 mode 取值：MODE_APPEND 是私有的，只有创建此文件的程序能够使用，其他应用程序不能访问。如果文件已存在，则在原有内容基础上追加数据 ；如果文件不存在，则创建新文件。

MODE_PRIVATE 也是私有的，同样文件名的时候，所写入的内容将会覆盖原文件中的内容。

2. 从文件中取读数据

在 Android 程序中使用 FileInputStream 从外部文件中将数据读取。下面认识一下 FileInputStream 的用法。

Context 类中提供了一个 openFileInput（ ）方法，用于从文件中读取数据。context. openFileInput(String name)只接收一个参数，即要读取的文件名，如果传入的文件不存在，那么它不会自动创建，并会报出异常。使用该方法，系统会自动到/data/data/<packagename>/files/目录下加载这个文件，并返回一个 FileInputStream 对象。得到了这个对象之后，再通过 Java 流的方式，就可以将数据读取出来。

三、任务实施

当“社交化”登录界面的记住密码的复选框被选中，则将用户名和密码保存到外部文件 data 中。下一次重新运行该登录界面，界面上保留有之前的手机号和密码。具体步骤如下：

（1）布局登录界面 activity_login. xml，效果如图 7. 1 所示。

图 7. 1　布局登录界面 activity_login. xml

（2）在控制文件 LoginActivity 中的代码如下所示：

```
public class LoginActivity extends AppCompatActivity {
    EditText edt_phone,edt_password;
    Button btn_login;
    CheckBox ck_pass;
    @Override
    protected void onCreate(Bundle savedInstanceState) {
        super.onCreate(savedInstanceState);
        setContentView(R.layout.activity_login);
        edt_phone=(EditText) findViewById(R.id.edt_phone);
        edt_password=(EditText) findViewById(R.id.edt_password);
        btn_login=(Button) findViewById(R.id.btn_login);
        ck_pass=findViewById(R.id.cb_pwd);
        //自动获取数据
        if(getAccount()! =null){
            String[] user=getAccount();
            edt_phone.setText(user[0]);
            edt_password.setText(user[1]);
        }
        //如果复选框被选中,则将用户名和密码保存到外部文件 data 中
        btn_login.setOnClickListener(new View.OnClickListener(){
            @Override
            public void onClick(View view){
                if(ck_pass.isChecked()){
                    String phone=edt_phone.getText().toString();
                    String password=edt_password.getText().toString();
                    saveToFile(phone,password);
                    Toast.makeText(LoginActivity.this,"已记住秘密!",
Toast.LENGTH_SHORT).show();
                }
            }
        });
    }

    //储存数据
    private void saveToFile(String phone,String password){
        FileOutputStream fos=null;
        BufferedWriter bwriter=null;
```

```
        try {
            fos=openFileOutput("data",Context.MODE_PRIVATE);
            bwriter=new BufferedWriter(new OutputStreamWriter(fos));
            bwriter.write(phone);
            bwriter.newLine();//换行
            bwriter.write(password);
            bwriter.flush(); //清空缓冲区
        } catch (IOException e) {
            e.printStackTrace();
        } finally {
            try {
                if(bwriter! =null)
                bwriter.close();//关闭流
            } catch (IOException e) {
                e.printStackTrace();
            }
        }
    }

    //读取数据
    private String[] getAccount() {
        FileInputStream input=null;
        BufferedReader br=null;
        String user[]=new String[2];
        try {
            input=openFileInput("data");
            br=new BufferedReader(new InputStreamReader(input));
            user[0]=br.readLine();//读取文件中的第一行数据:用户名
            user[1]=br.readLine();//读取文件中的第二行数据:密码
        }  catch (IOException e) {
            e.printStackTrace();
        } finally {
            try {
                if(br! =null)
                br.close();//关闭流
            } catch (IOException e) {
                e.printStackTrace();
            }
```

```
        }
        return user;
    }
}
```

（3）启动项目。

在登录界面输入手机号和密码，选择“记住密码”，点击登录按钮，页面提示“已记住密码!”。界面效果如图 7.2 所示。

重新运行项目，界面已保留着手机号和密码。界面效果如图 7.3 所示。

图 7.2　登录界面

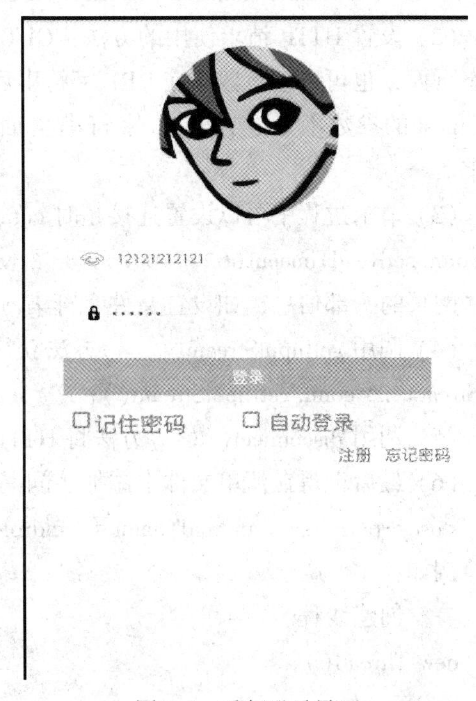

图 7.3　重新登录界面

任务二　通过 HTTP 访问网络

一、任务分析

完成社交化注册功能的前端及后端，需要涉及访问网络的技术及数据进行封装解析的技术，因此这里将介绍使用 HttpURLConnection 访问网络，以及对 JSON 进行简介。

二、相关知识

Android 中针对 Http 进行网络通信有两种方式：一种是 HttpURLConnection，另一种是 HttpClient。下面主要介绍如何使用 HttpURLConnection 访问网络。

1. 使用 HttpURLConnection 访问网络

(1) HttpURLConnection 类位于 java. net 包，如果访问网络资源的 URL 是基于 Http 的，那我们便要用 HttpURLConnection 进行请求和响应 . HttpURLConnection 继承自 URLConnection 类，两者都是抽象类，所以需要通过 URL 的 openConnection(　　)方法来获得。

例如：

```
  //创建一个 URL 对象
  URL url=new URL("http://192.168.101.10:8080/SheJiaoHuaProj");
  HttpURLConnectionconn= (HttpURLConnection) url.openConnection();
```

(2) 设置 HTTP 请求使用的方法：GET 或者 POST。二者的区别在于：get 请求可以获取静态页面，也可以把参数放在 URL 字符串后面，传递给 servlet。而 post 与 get 的不同之处在于：post 的参数不是放在 URL 字符串里面，而是放在 http 请求的正文内，默认使用 get 请求。

(3) 请求过程中可以设置连接超时 conn. setConnectTimeout(6 * 1000)，读取超时的毫秒数 conn. setReadTimeout(6 * 1000)，是否使用缓存 conn. setUserCaches(false)，还可以设置一些网页的头部信息，如设置文件字符集 conn. setRequestProperty("Charset","UTF-8")。

(4) 调用 getInputStream(　　)方法获得服务器返回的输入流，通过输入流进行读取 InputStream in=conn. getInputStream();

(5) 调用 disconnect(　　)方法将 HTTP 连接关掉 conn. disconnect();

(6) 最后记得在清单文件中添加访问网络的权限：

```
<uses-permission android:name="android.permission.INTERNET"/>
```

例如：

```
  //创建线程
new Thread() {
@Override
public void run() {
super.run();
URL url=new URL("http://192.168.101.10:8080/SheJiaoHuaProj");
//创建 HttpURLConnection 对象
HttpURLConnection connection=(HttpURLConnection) url.openConnection();
//获得输入流
InputStream inputStream=connection.getInputStream();
BufferedReader br=new BufferedReader(new InputStreamReader(inputStream));
//通过 br.readLine()循环读取输入流中的信息
  ……
}
}.start();
```

2. 开源框架 android-async-http

在实际开发过程中会使用别人封装好的第三方网络请求框架，比如 Volley、android-async-http、loopj 等。因为网络操作涉及异步以及多线程，手写仍比较麻烦，所以可以直接用第三方工具。但是第三方工工具也是在 HttpURLConnection 或者 HttpClient 的基础上实现的，所以 HttpURLConnection 或者 HttpClient 的用法还是得清楚。这里演示使用 android-async-http 框架。该框架具有以下特征：

（1）处理异步 Http 请求，并通过匿名内部类处理回调结果。

（2）Http 请求均位于非 UI 线程，不会阻塞 UI 操作。

（3）通过线程池处理并发请求。

（4）处理文件上传、下载。

使用该框架步骤如下：

（1）首先下载 android-async-http. jar 包及 httpcore-4. 4. 12 包，并将它们放置到项目的 lib 目录下，如图 7. 4 所示的位置。

libs
android-async-http-1.4.8.jar
httpcore-4.4.12.jar

图 7. 4　lib 目录下的下载包

接着创建一个 AsyncHttpClient 类的实例，通过该实例就可以执行网络请求，如：

```
AsyncHttpClient client=new AsyncHttpClient( );
```

（2）通过 RequestParams 对象设置请求参数，如：

```
RequestParams params=new RequestParams( );
  params. put( "phone" ,edt_phone. getText( ). toString( ) );
params. put( "pass" ,edt_pass1. getText( ). toString( ) );
```

（3）根据请求的方式，调用 AsyncHttpClient 的 get 或者 post 方法。

AsyncHttpClient 提供了很多 get 和 post 的方法重载，可以根据服务端返回的信息调用相应的方法。例如：AsyncHttpClient 对象的 get(String url, Request Params params, ResponseHandlerInterface responseHandler)，其中：

url：请求的路径。

params 放置 RequestParams 对象。

responseHandler：放置 ResponseHandlerInterface 接口的具体实现类，该接品的实现类有 AsyncHttpResponseHandler，而 AsyncHttpResponseHandler 的子类有 TextHttpResponseHandler，TextHttpResponseHandler 的子类有 JsonHttpResponseHandler。

例如：

```
client. get( URL,params,new TextHttpResponseHandler( ) {
            @ Override
```

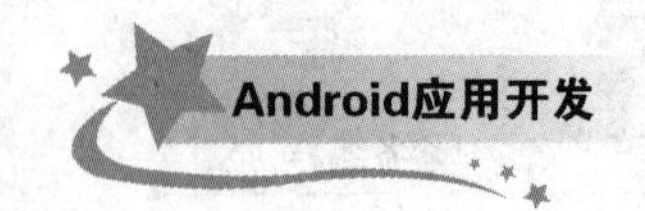


```
            public void onFailure ( int i, Header [ ] headers, String s, Throwable
throwable) {

            }

        @ Override
        public void onSuccess(int i,Header[ ] headers,String s) {

        }
    })
```

代码中使用 TextHttpResponseHandler 的匿名内部类，只是重写了 AsyncHttpResponseHandler 的 onSuccess 和 onFailure 方法，将请求结果由 byte 数组转换为 String。

以上代码如果换成：

```
client. get(URL,params,new JsonHttpResponseHandler( ){
        @ Override
        public void onSuccess(int statusCode,Header[ ] headers,
JSONObject response) {
                super. onSuccess(statusCode,headers,response);
        }
        @ Override
        public void onFailure(int statusCode,Header[ ] headers,Throwable
throwable,JSONObject errorResponse) {
                super. onFailure(statusCode,headers,throwable,
errorResponse);
        }
    });
```

表示将请求结果由 String 转换为 JSONObject

3. JSON 简介

数据要以什么样的格式在网络上传输呢？例如要从服务器获取一个 ArrayList 对象，该怎么办？需传输的数据一般会被格式化后再进行传输，客户端再按照相同结构规格进行解析，从而获得所需数据。现在常用的网络传输数据的格式有 XML 格式和 JSON 格式。本节主要讲解如何解析 JSON 格式的数据。

JSON 全称是 JavaScript Object Notation。它是基于 JavaScript 语法的一种轻量级的数据交换格式，用数组和对象表示。

使用数组的格式如：["张三","李四"]；

使用对象的格式如：{"id":"1","name":"张三"}。

（1）服务端把数据转换成 JSON 格式。

服务端要使用 JSON，首先得导入所需的包，如图 7.5 所示。

commons-beanutils-1.7.0.jar
commons-collections-3.2.jar
commons-lang-2.4.jar
commons-logging-1.1.jar
ezmorph-1.0.4.jar
json-lib-2.4-jdk15.jar

图 7.5　导入所需的包

将数据转换成 JSON 格式的数据，有以下几种情况：

① 存储一个结果值。

```
int resutl=1;
  JSONObject object=new JSONObject( );
  object. put( "result" ,result);
```

客户端获取的数据是这样的格式：{"result "：1}

② 存储一个对象。

```
User user=new User("13888888888","123456");
JSONObject object=new JSONObject( );
object. put( "user" ,user);
```

客户端获取的数据是这样的格式：{"user"：{"phone":"13888888888","pass":"123456"}}

③ 存储一个集合对象。

```
在 Listfruit=new ArrayList( );
fruit. add( "apple" );
fruit. add( "pear" );
JSONArray array=JSONArray. fromObject( fruit);
```

客户端获取的数据是这样的格式：["apple","pear"]

（2）客户端解析 JSON 格式的数据。

在上一个任务中，我们已经学习了如何获得服务器返回的数据，具体如下所示：

```
//获得输入流
InputStream inputStream=connection. getInputStream( );
BufferedReader br=new BufferedReader( new InputStreamReader( inputStream) );
//获取后台传给客户端的值
String line=br. readLine( );
```

接下来，将返回的数据 line 传入 JSONArray 对象中，然后遍历这个 JSONArray，将值取出。

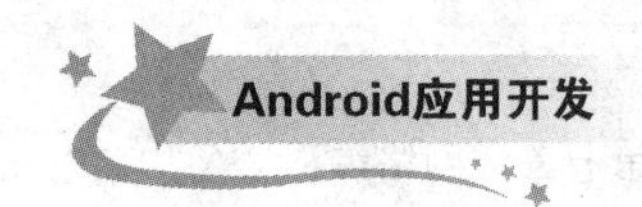

① 对于["apple","pear"]这种格式的数据，做法是：

```
JSONArray array=new JSONArray(line);
  for (int i=0; i < array.length(); i++) {
      Log.i("MainActivity","第"+(i+1)+"个元素:"+ array.getString(i) );
  }
```

② 对于{"user":{"phone":"13888888888","pass":"123456"}}这种格式的数据，我们的做法是：

```
JSONObject   object=new JSONObject (line);
JSONObject   subobject =object.getJSONObject("user");
String name=subobject.getString("phone");
String pass=subobject.getString("pass");
```

从上面两个例子中，可以发现解析是有规律的：对于{　　}这种格式的数据，用JSONObject对象进行解析；对于[　　]的格式，用JSONArray对象进行解析。

三、任务实施

1. 社交化注册功能的后端

在后台，选择java web中的Servlet组件。Servlet可以响应客户端的请求，根据请求动态响应，数据库使用mysql5.5。

(1) 先安装mysql server 5.5，安装过程中要输入服务的密码。这里密码设置为root。安装完成后点击“开始”->“所有程序”->MySQL5.5->“MySQL5.5 Command Line Client”，打开窗体，输入密码root，显示如图7.6所示的信息，表示安装成功。

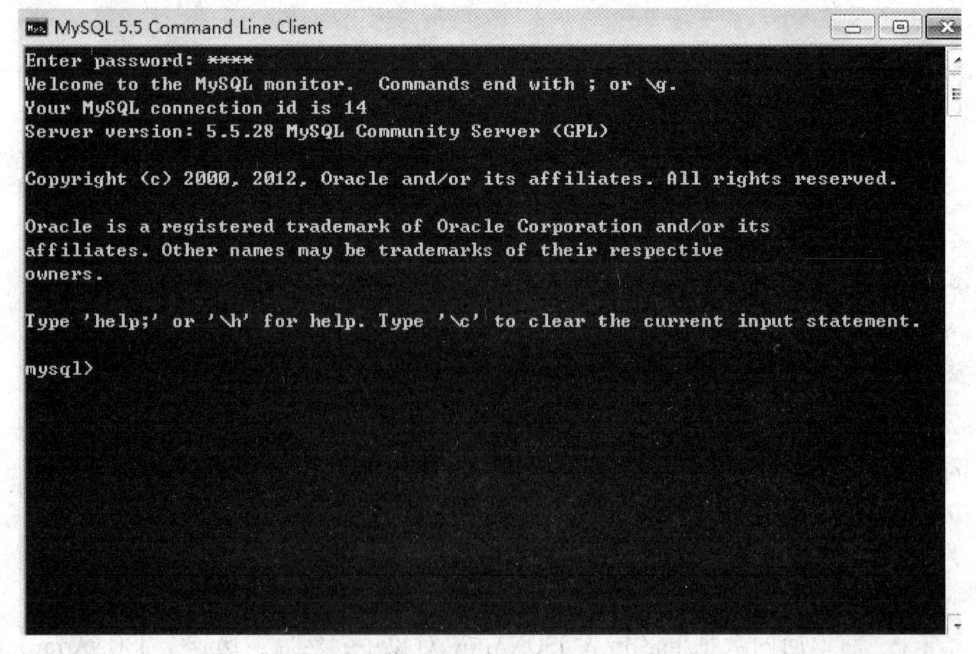

图7.6　安装成功的信息界面

接着安装 navicat。这款软件是数据库管理工具，提供直观的 GUI 让用户简单地管理 Mysql。安装完成后，打开环境，首先要创建连接，需要输入连接名和登录 Mysql 服务的密码。Mysql 默认用户名是 root，端口默认是 3306。具体如图 7.7 所示。

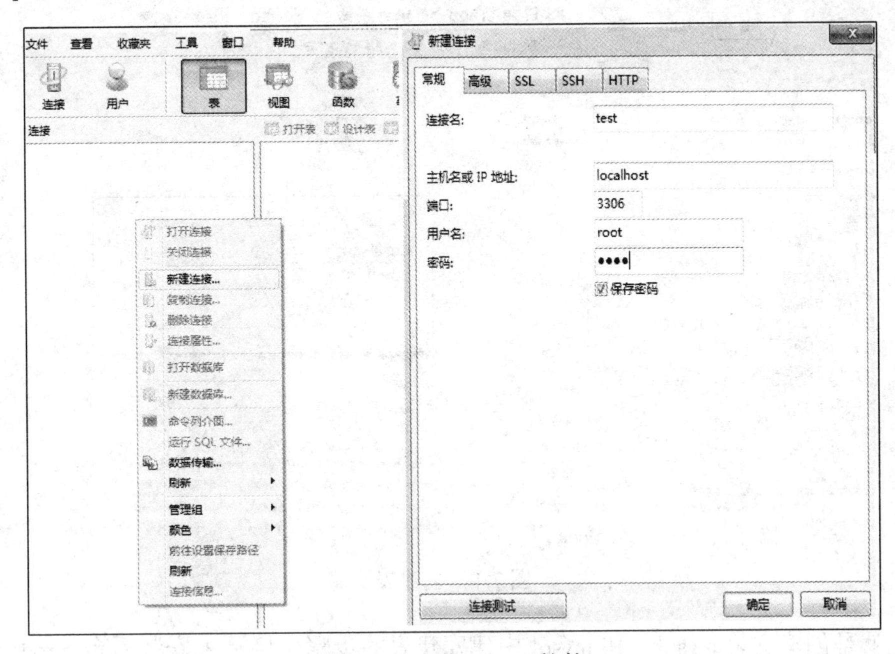

图 7.7　安装 navicat 软件

接着创建数据库，具体如图 7.8 所示。

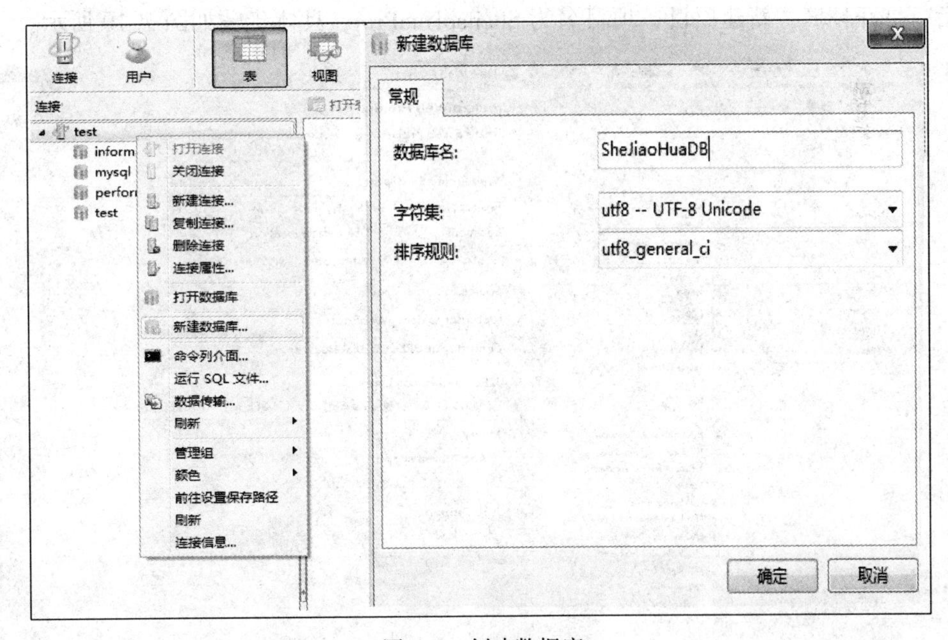

图 7.8　创建数据库

创建完数据库，创建表，具体如图 7.9 所示。

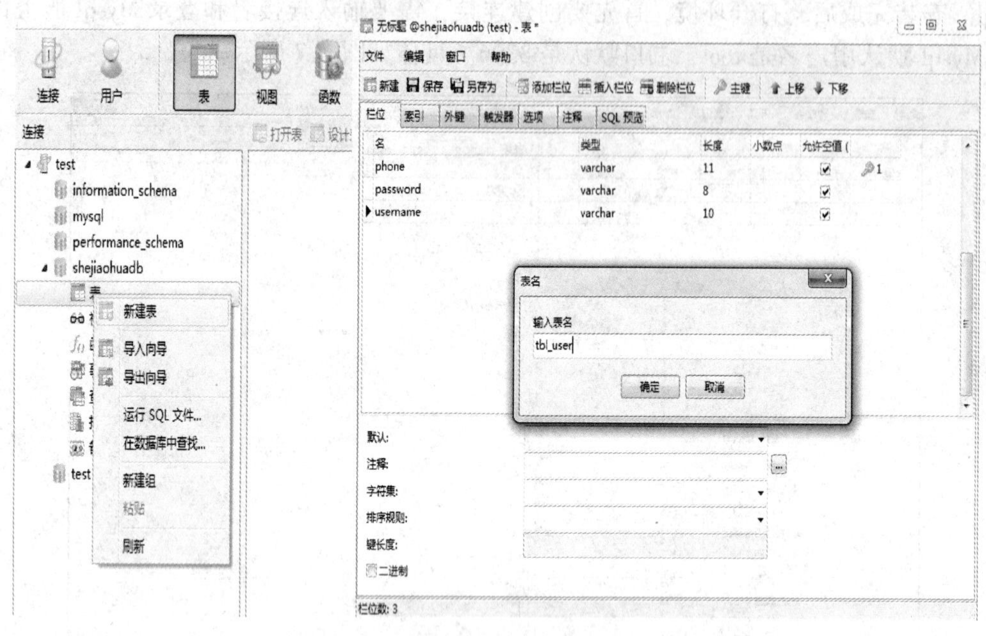

图 7.9 创建表

以上就是创建安装 mysql、在 mysql 中建库建表的步骤。接下来安装后台 Servlet 组件的开发环境 Myeclipse9.0。

(2) 网上下载 Myeclipse9.0。安装过程很简单，不断点击“下一步”即可完成安装。安装完成后，打开环境，新建项目，项目名为 ShejiaoHuaProj。具体步骤如图 7.10 所示。

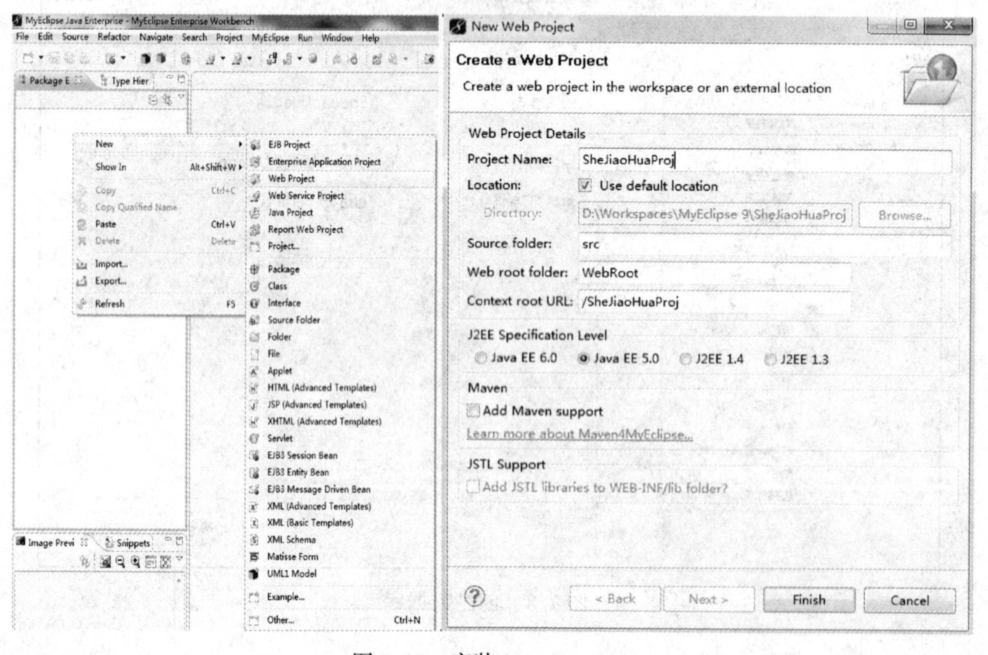

图 7.10 安装 Myeclipse9.0

创建完项目。要往项目中添加一些第三方的包。有连接 mysql 数据库所需的驱动包 mysql-connector-java-5.0.4-bin.jar，还有使用 JSON 所需的包。把这些包拷贝粘贴到 webRoot->WEB-INF->lib 目录中。具体如图 7.11 所示。

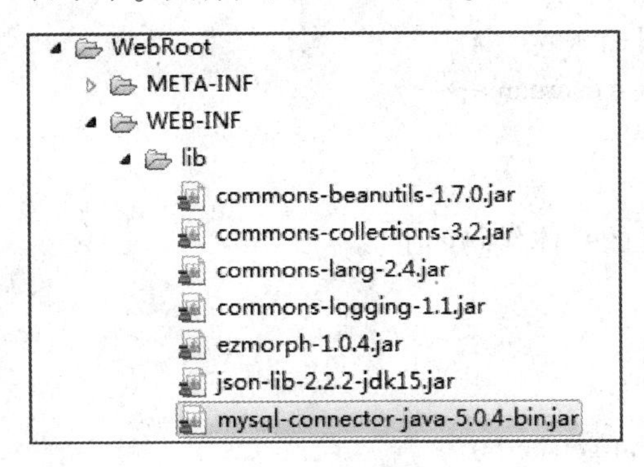

图 7.11　添加第三方的包

接下来在项目的 src 目录下创建 3 个类：一个实体类 User 用来封装数据，一个业务业务逻辑类 UserDB 用来处理连接 mysql 数据库，对表中数据进行增删改查的操作，最后一个是 Servlet 类。具体如图 7.12 所示。

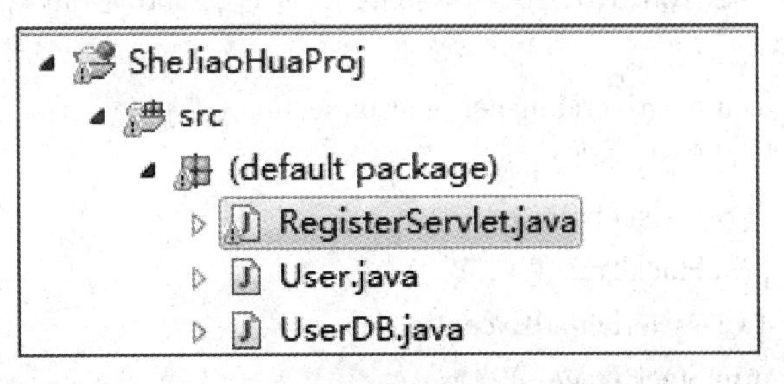

图 7.12　在 src 目录下创建 3 个类

实体类 User 的具体代码如下：

```
public class User {
        private String phone;//电话
        private String password;//密码
        private String username;//姓名
        public String getPhone() {
          return phone;
        }
        public String getPassword() {
          return password;
        }
        public String getUsername() {
          return username;
        }
```

```
        public User( String phone, String password, String username) {
            super( ) ;
            this. phone = phone;
            this. password = password;
            this. username = username;
        }
    }
```

业务逻辑类 UserDB 的具体代码如下:

```
import java. sql. * ;
public class UserDB {
//获得连接对象
        public Connection getCon( ) {
                Connection con = null;
                try {
                        Class. forName( " com. mysql. jdbc. Driver" ) ;
                        //根据 url,用户名,密码获得连接对象 .
                        //192. 168. 101. 10 是本机的 ip 地址,3306 是 mysql 服务的端口号,she-
jiaohuadb 是数据库名
                            con = DriverManager. getConnection ( " jdbc: mysql://192. 168. 101. 10:
3306/shejiaohuadb" , " root" , " root" ) ;
                } catch ( SQLException e) {
                        e. printStackTrace( ) ;
                }catch ( ClassNotFoundException e) {
                        e. printStackTrace( ) ;
                }
                return con;
        }

        //关闭连接对象
        public void closeCon( Connection con) {
    if( con! = null) {
        try {
                con. close( ) ;//如果连接对象不为空,则关闭连接
        } catch ( SQLException e) {
                // TODO Auto-generated catch block
                e. printStackTrace( ) ;
                }
    }
        }
```

```
//注册(往表中插入数据)
public int insertUser(User user){
    int i =0;
    Connection con=getCon();//获得连接对象
      String sql="insert into tbl_user(phone,password,username) values(?,?,?)";
      try {
          PreparedStatement pst=con.prepareStatement(sql);
          pst.setString(1,user.getPhone());//给占位符? 传值
          pst.setString(2,user.getPassword());
          pst.setString(3,user.getUsername());
          i=pst.executeUpdate();
      } catch (SQLException e) {
          e.printStackTrace();
      }
      finally {
          closeCon(con);//关闭连接对象
      }
      return i;
  }
}
```

RegisterServlet 类的创建如图 7.13 和图 7.14 所示。

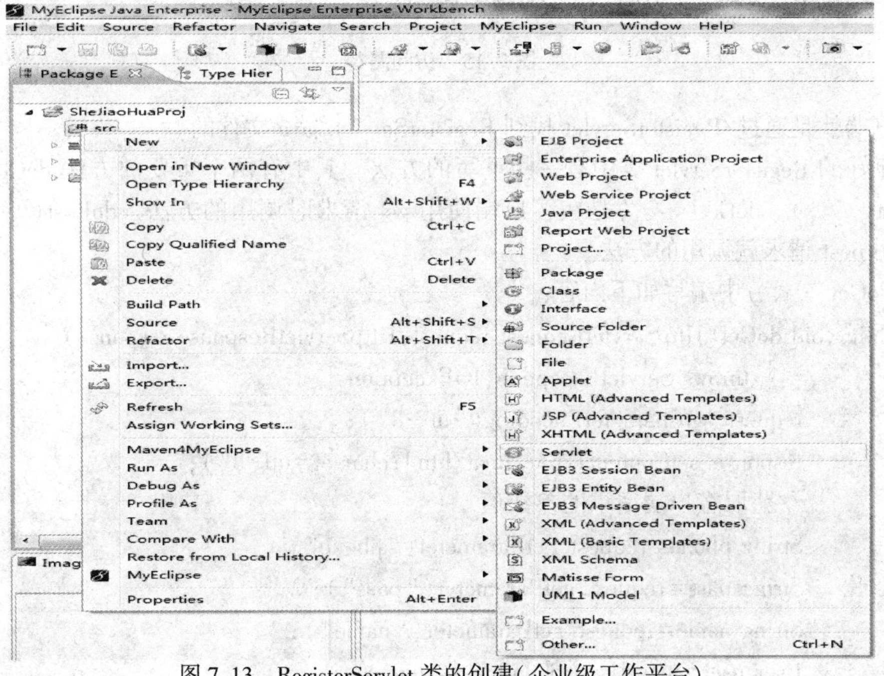

图 7.13　RegisterServlet 类的创建(企业级工作平台)

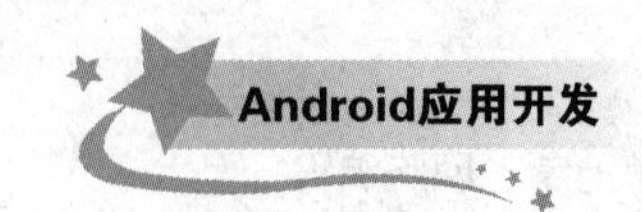

Create a new Servlet.

Servlet Wizard

The use of the default package is discouraged.

Source folder: SheJiaoHuaProj/src Browse...

Package: (default) Browse...

Enclosing type: Browse...

Name: UserServlet

Modifiers: public default private protected

abstract final static

Superclass: javax.servlet.http.HttpServlet Browse...

Interfaces: Add... Remove

Template to use: 1] Default template for Servlet

Which method stubs would you like to create?

Inherited abstract methods doGet()

Constructors from superclass doPost()

init() and destroy() doPut()

doDelete() getServletInfo()

< Back Next > Finish Cancel

图 7.14 RegisterServlet 类的创建(新建)

点击“Next”，出现的窗体中有个 Servlet/JSP Mapping URL 项，对应文本框中的/RegisterServlet 就是对外提供访问该页面的路径，如图 7.15 所示。

Servlet/JSP Mapping URL: /RegisterServlet

图 7.15 访问路径

客户端就是通过/RegisterServlet 找到 RegisterServlet. java 文件的。

创建好的 RegisterServlet 类中有一些重写的方法，其中有两个重要的方法 doGet( ) 和 doPost( )。doGet( )是在客户端使用 get 请求时调用的方法，doPost( )是客户端使用 post 请求就调用的方法。

在 doGet( )中编写如下内容：

```
public void doGet(HttpServletRequest request,HttpServletResponse response)
            throws ServletException,IOException {
        request.setCharacterEncoding("utf-8");
        response.setContentType("text/html;charset=utf-8");
        //获取客户端请求的参数值
        String phone=request.getParameter("phone");
        String pass=request.getParameter("pass");
        String name=request.getParameter("name");
        User user=new User(phone,pass,name);
```

```
        int result=new UserDB().insertUser(user);//调用业务逻辑方法,往表中添加数据
        //将注册的结果存储在 JSONObject 对象中
        JSONObject object=new JSONObject();
        object.put("result",result);
        //通过输出流输出 JSONObject 对象
        PrintWriter out=response.getWriter();
        out.print(object);
        out.flush();
        out.close();
    }
```

以上就是完成社交化注册功能的后台操作及相应代码，接下来关注前端。

2. 社交化注册功能的前端

在 Android Studio 开发环境中添加项目，创建注册的活动页 RegisterActivity. java 及布局文件 activity_register. xml。布局文件的界面如图 7.16 所示。

图 7.16　布局文件的界面(注册功能前端)

RegisterActivity. java 对应的代码如下所示：

```
public class RegisterActivity extends AppCompatActivity {
    Button btn_regist;
    EditText edt_phone,edt_pass1,edt_pass2,edt_name;
```

```
    String URL="http://192.168.101.10:8080/SheJiaoHuaProj";
    @Override
    protected void onCreate(Bundle savedInstanceState) {
        super.onCreate(savedInstanceState);
        setContentView(R.layout.activity_register);
        edt_phone=(EditText) findViewById(R.id.edt_phone);
        edt_pass1=(EditText) findViewById(R.id.edt_pass1);
        edt_pass2=(EditText) findViewById(R.id.edt_pass2);
        edt_name=(EditText) findViewById(R.id.edt_name);
        btn_regist=(Button) findViewById(R.id.btn_regist);
        //点击"注册"按钮,实现注册功能
        btn_regist.setOnClickListener(new View.OnClickListener() {
            @Override
            public void onClick(View view) {
                //创建线程
                new Thread() {
                    @Override
                    public void run() {
                        super.run();
                        int i=-1;
                            try {
                        URL url=new URL(URL+"/RegisterServlet? phone="+edt
_phone.getText().toString()+
                        "&pass="+edt_pass1.getText().toString() +"&name="+
edt_name.getText().toString());
                        HttpURLConnection connection=(HttpURLConnection) url.
openConnection();
                        //获得输入流
                        InputStream inputStream=connection.getInputStream();
                  BufferedReader br=new BufferedReader(new InputStreamReader(in-
putStream));
                        //获取后台传给客户端的值
                        String line=br.readLine();
                        //用 JSON 解析数据
                        JSONObject object=new JSONObject(line);
                        i=object.getInt("result");
                    } catch (MalformedURLException e) {
                            e.printStackTrace();
```

```
                    } catch (IOException e) {
                        e.printStackTrace();
                    } catch (JSONException e) {
                        e.printStackTrace();
                    }
                    Message msg=new Message();
                    msg.obj=i;
                    msg.what=1;
                    handler.sendMessage(msg);
                    }
                }.start();
            }
        });
    }

    Handler handler=new Handler(){
        @Override
        public void handleMessage(Message msg) {
            super.handleMessage(msg);
            switch (msg.what) {
                case 1:
                    if (msg.obj.equals(1)) {
                        Toast.makeText(RegisterActivity.this,"注册成功",
Toast.LENGTH_SHORT).show();
                        finish();
                  Intent intent=newIntent(RegisterActivity.this,LoginActivity.class);
                        startActivity(intent);
                    } else if (msg.obj.equals(0)) {
                        Toast.makeText(RegisterActivity.this,"账号已存在",
Toast.LENGTH_SHORT).show();
                    }
                default:
                    break;
            }

        }
    };
}
```

以上代码是 HttpURLConnection 来访问网络的。另一种方法是，使用框架 android-async-http 来实现注册成功，具体代码如下所示：

```
public class RegisterActivity extends AppCompatActivity {
    Button btn_regist;
    EditText edt_phone,edt_pass1,edt_pass2,edt_name;
    String URL="http://192.168.101.10:8080/SheJiaoHuaProj";
    @Override
    protected void onCreate(Bundle savedInstanceState) {
        super.onCreate(savedInstanceState);
        setContentView(R.layout.activity_register);
        edt_phone=(EditText)findViewById(R.id.edt_phone);
        edt_pass1=(EditText)findViewById(R.id.edt_pass1);
        edt_pass2=(EditText)findViewById(R.id.edt_pass2);
        edt_name=(EditText)findViewById(R.id.edt_name);
        btn_regist=(Button)findViewById(R.id.btn_regist);
        //点击"注册"按钮,实现注册功能
        btn_regist.setOnClickListener(new View.OnClickListener() {
            @Override
            public void onClick(View view) {
                asyncHttp();
            }
        });
    }

    public void  asyncHttp() {
        URL=URL+"/RegisterServlet?";
        //设置请求的参数
        RequestParams params=new RequestParams();
        params.put("phone",edt_phone.getText().toString());
        params.put("pass",edt_pass1.getText().toString());
        params.put("name",edt_name.getText().toString());
        AsyncHttpClient client=new AsyncHttpClient();
        client.get(URL,params,new JsonHttpResponseHandler() {
            @Override
        public void onSuccess(int statusCode,Header[] headers,JSONObject response) {
                super.onSuccess(statusCode,headers,response);
                try {
                    int result=response.getInt("result");
```

```
                    if(result>0){
                            Toast.makeText(RegisterActivity.this,"注册成功",
Toast.LENGTH_SHORT).show();
                    }
                } catch (JSONException e) {
                    e.printStackTrace();
                }
            }

            @Override
            public void onFailure(int statusCode,Header[] headers,Throwable
throwable,JSONObject errorResponse) {
                super.onFailure(statusCode,headers,throwable,errorResponse);
                Toast.makeText(RegisterActivity.this,"注册成败"+statusCode,
Toast.LENGTH_SHORT).show();
            }
        });
    }
}
```

可以发现，使用框架大大简化了代码，整个代码更显简洁明了。

三、运行项目

(1) 将后台的项目发布，点击工具栏的这个图标，打开窗体，选择 Tomcat 服务器，将项目添加到 Tomcat 服务器中。具体如图 7.17 所示。

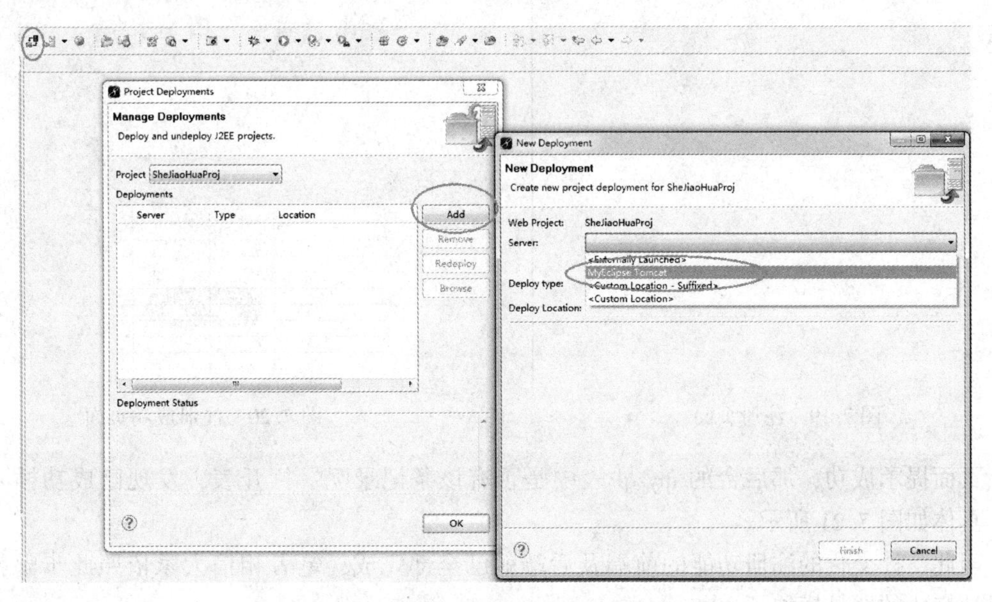

图 7.17　将项目添加到 Tomcat 服务器中

接着点击工具栏的这个图标 ，下拉选择 Tomcat 点击 Start，从而启动 Tomcat 服务器。具体如图 7.18 所示。

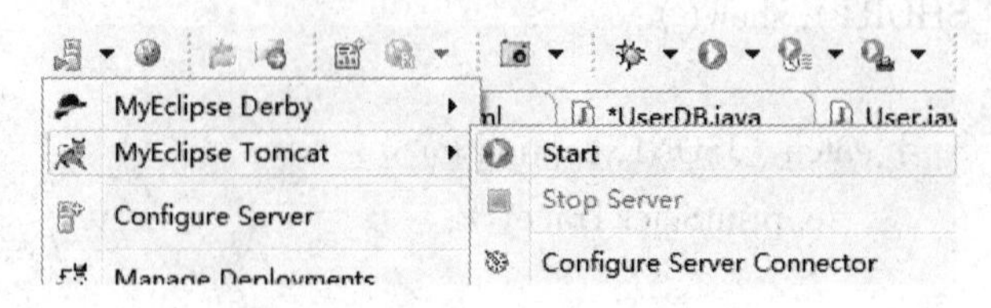

图 7.18　启动 Tomcat

启动完 Tomcat 服务器后，在浏览器上输入 http：//192.168.101.10：8080/SheJiaoHuaProj，然后回车，如果页面显示“This is my JSP page.”，就说明项目部署成功！

（2）到前端启动注册页面，输入相应信息，点击“注册”按钮，如果数据上传到后台成功，即会提示"注册成功"，并且页面跳转到登录页面。具体如图 7.19 和图 7.20 所示。

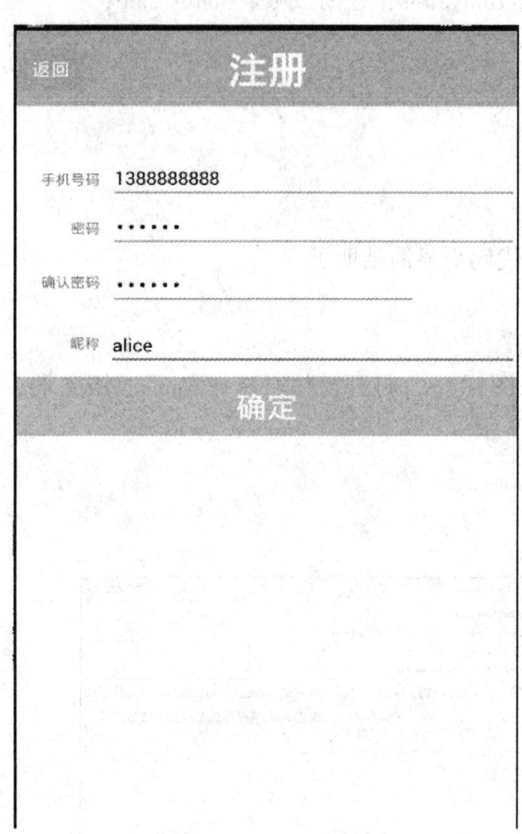

图 7.19　注册页面

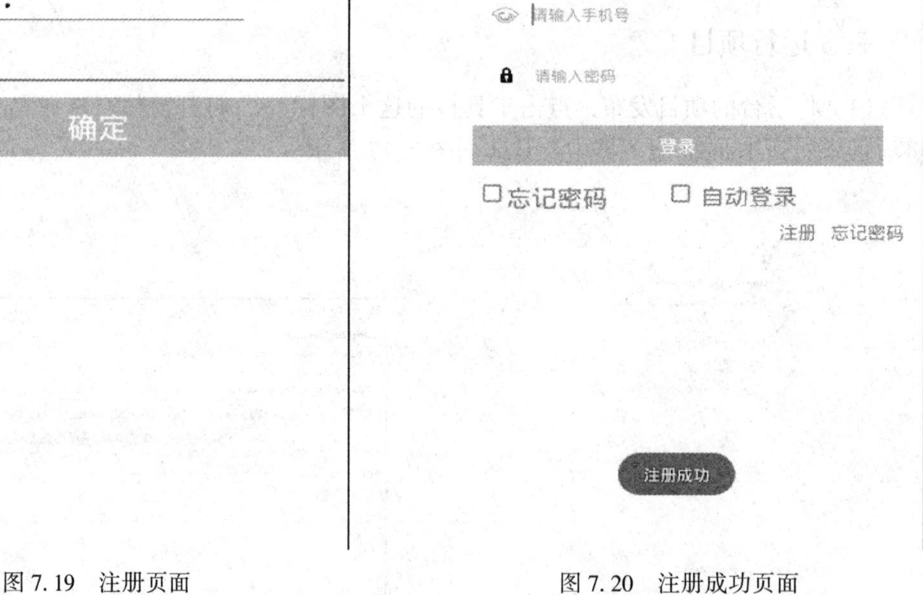

图 7.20　注册成功页面

页面提示成功，那后台的 mysql 表中是否有该条记录呢？打开表，发现已成功插入数据。具体如图 7.21 所示。

至此，社交化的注册功能的前端及后端就已全部完成，笔者相信大家依照此步骤就能完成社交化的登录模块了。

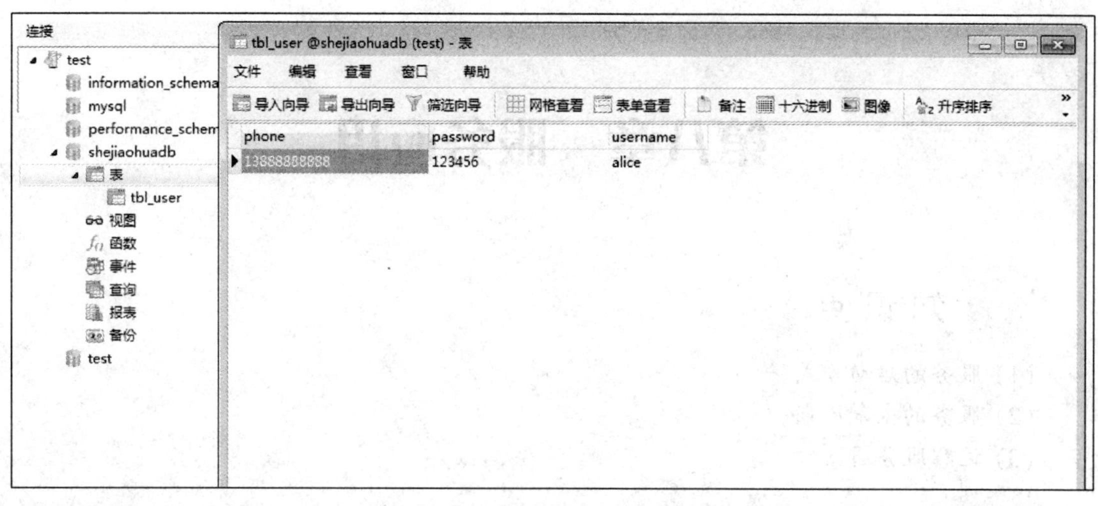

图 7.21 页面显示成功插入数据

本章小结

本章介绍了通过 HTTP 访问网络，重点介绍了使用 HttpURLConnection 访问网络。本章未介绍 HttpClient 访问网络，大家可以自行学习。本章还介绍了开源框架 android-async-http，使用该框架访问网络，方便简洁；最后介绍了如何使用 JSON 封装数据及解析数据。

习　　题

（1）简述使用 HttpURLConnection 访问网络的步骤。

（2）实现社交化登录功能的前端和后端。

第八章　服务应用

知 识 点

(1) 服务的启动方式。

(2) 服务的生命周期。

(3) 远程服务通信。

能 力 点

(1) 掌握服务的两种启动方式。

(2) 掌握服务的生命周期。

(3) 了解远程服务通信。

任务描述

(1) 验证以 Context. bindService(　　) 这种方法开启的服务与开启者有关联。

(2) 实现与远程服务通信。

任务　服务

一、任务分析

“任务描述”中的任务(1)，涉及的知识点有服务的创建、注册以及如何开启服务。任务(2)涉及的知识点有实现跨进程进行远程服务通信的 AIDL 技术。

二、相关知识

服务(Service)没有界面，是一个长期运行于后台的组件，即使启动服务的应用程序被切换掉，服务也可以在后台正常运行。服务是 Android 中实现程序后台运行的解决方案，经常被用来处理那些不需要和用户交互而且要长期运行的任务(如音乐播放、后台下载等)。

三、创建服务

首先我们先创建一个服务，假设叫 ServiceTest，它必须继承 android. app. Service 类。程序强制要求重写的方法有 onBind(　　)方法，此方法返回一个 IBinder 对象，该对象定义了调用者可以用来与 Service 交互的程序接口。具体如下所示：

```
public class ServiceTest extends Service {
    @ Nullable
    @ Override
    public IBinder onBind(Intent intent) {
        return null;
    }
}
```

因为服务是 Android 系统的四大组件之一，所以我们得在清单文件中注册服务。具体代码如下所示：

```
<service android:name=".ServiceTest"></service>
```

四、启动服务

服务需要调用相应的方法来启动。启动服务的方法有两种：

第一种启动方法：Context. startService(　　)。这种方法开启的服务和开启者无关，服务会一直在后台运行。

具体代码如下所示：

```
Intent intent=new Intent(MainActivity.this,ServiceTest.class);
startService(intent);//启动服务
stopService(intent);//关闭服务
```

当程序通过 startService(　　)启动服务，它的生命周期有以下几个方法：

onCreate(　　)：第一次创建服务时执行的方法。

onStartCommand(　　)：客户端通过调用 startService(　　)显示启动服务时执行该方法。

onDestory(　　)：服务被销毁时执行的方法。

第二种启动方法：Context. bindService(　　)。这种方法开启的服务和开启者有关联，可以进行交互，如果开启者销毁了，则服务也会被销毁；如果调用者与服务要进行交互，则使用如下方法来绑定服务：

bindService(Intent service,ServiceConnection conn,int flags)

3 个参数的含义分别如下：

service：要启动的 Service。

conn：用于监听调用者与 Service 之间的连接状态。ServiceConnection 是个接口，所以我们得创建它的实现。

如果调用者与 Service 连接成功，则调用实现类中的重写方法 onServiceConnected(ComponentName arg0, IBinder arg1)。该方法用来传送给调用者与 service 通信时的 IBinder。

flags：指定绑定时是否自动创建 Service。值为 0，表示不自动创建；值为 BIND_AUTO_CREATE,表示自动创建。

当程序通过 bindService( )启动服务，它的生命周期有以下几个方法：

onCreate( )：第一次创建服务时执行的方法。

onBind( )：客户端通过调用 bindService(Intent, Service, int)启动服务时执行该方法。

onUnbind( )：客户端调用 unBindService(ServiceConnection conn)断开服务绑定时执行该方法。

onDestory( )：服务被销毁时执行的方法。

bindService( )启动服务我们也称之为本地服务通信。接下来，我们来认识远程服务通信。

五、远程服务通信

远程服务通信是指两个应用程序之间的通信。

远程服务通信与本地服务通信最大的区别是：远程服务与调用者不在同一个进程里，而本地服务则与调用者运行在同一个进程里。

远程通信也需要以绑定方式开启服务。

在 Android 系统中，各个应用程序都运行在自己的进程中，进程之间一般无法直接进行通信，如果想要完成不同进程之间的通信，就需要通过 AIDL(Android Interface Definition Language)来实现。AIDL 它是一种接口定义语言(Interface Definition Language)，与 Java 中的定义接口很相似，但是存在以下几点差异：

(1) AIDL 定义接口的源代码必须以 .aidl 结尾。

(2) AIDL 接口中用到的数据类型，除了基本数据类型、String、List、Map、CharSequence 之外，其他类型全部都需要导入包，即使它们在同一个包中。另外，AIDL 中的 List 和 Map 元素类型必须是 Aidl 支持的类型。

六、任务实施

首先验证一下 Context. bindService( )这种方法开启的服务和开启者有关联这个说法。

(1) 创建服务的子类 ServiceTry，具体代码如下所示：

```
public class ServiceTry extends Service {
    @ Nullable
    @ Override
    public IBinder onBind(Intent intent) {
        Log. i("Test_ServiceTry 服务 ","这是 onBind 方法");
        return new ShowMsg( );
    }
     class ShowMsg extends Binder{
        public String  show( ){
            Log. i("Test_ServiceTry. ShowMsg","这是 ShowMsg. show 方法");
```

```
                return "你访问到我啦!";
            }
        }
    @ Override
    public boolean onUnbind(Intent intent) {
        Log.i("Test_ServiceTry 服务 ","这是 onUnbind 方法");
        return super.onUnbind(intent);
    }
    @ Override
    public void onDestroy() {
        Log.i("Test_ServiceTry 服务 ","这是 onDestroy 方法");
        super.onDestroy();
    }
}
```

别忘了要到 AndroidManifest.xml 文件中进行注册，代码如下：

```
<service android:name=".ServiceTry" />
```

(2) 创建活动页 MainActivity.java 和布局文件 activity_ main.xml，在布局文件中添加两个按钮、一个启动服务、一个关闭当前窗体。界面如图 8.1 所示。

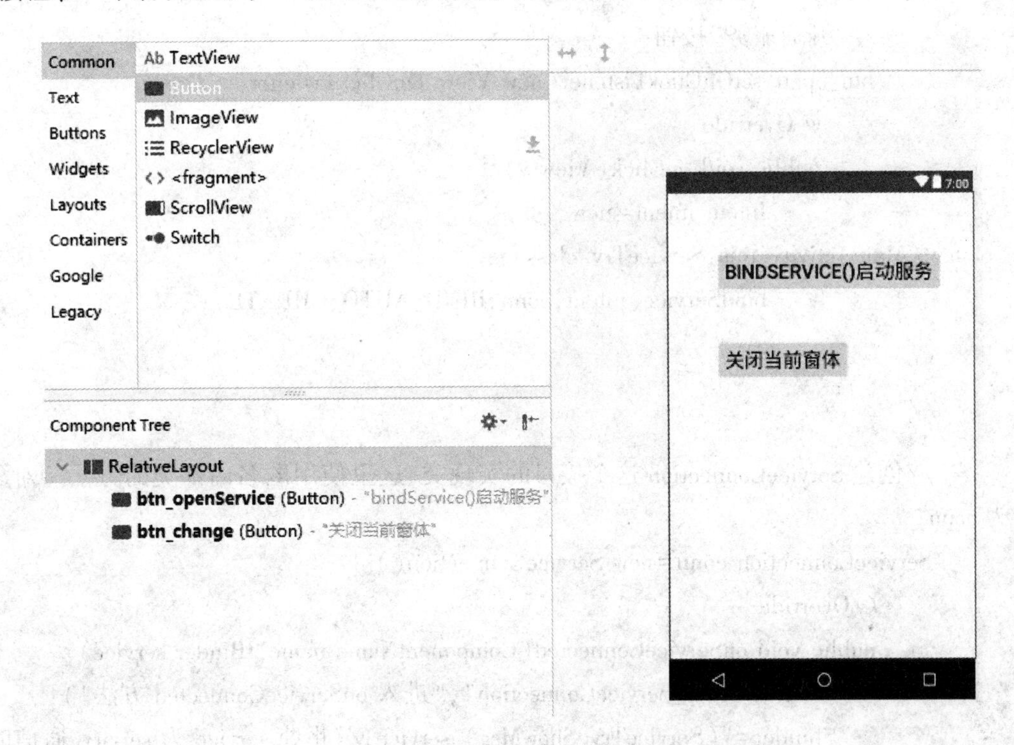

图 8.1　创建活动页和布局文件

MainActivity. java 的代码如下所示：

```
public class MainActivity extends AppCompatActivity {
        ServiceTry. ShowMsg binder;
        Button btn_open,btn_close;
        String str="";
        @ Override
        protected void onCreate( Bundle savedInstanceState) {
            super. onCreate( savedInstanceState);
            setContentView( R. layout. activity_main);
            btn_open= (Button) findViewById( R. id. btn_openService);
            btn_close= (Button) findViewById( R. id. btn_change);
            //"关闭"按钮
            btn_close. setOnClickListener( new View. OnClickListener( ) {
                @ Override
                public void onClick( View v) {
                    finish( );//关闭当前页面
                }
            });
            //"开启服务"按钮
            btn_open. setOnClickListener( new View. OnClickListener( ) {
                @ Override
                public void onClick( View v) {
                    Intent intent=new
    Intent( MainActivity. this,ServiceTry. class);
                    bindService( intent,conn,BIND_AUTO_CREATE);
                }
            });
        }
        //创建 ServiceConnection 这个接口的实现类,这里使用匿名内部类的方法。对象
名为 conn
        ServiceConnection conn=new ServiceConnection( ) {
            @ Override
            public void onServiceConnected( ComponentName name,IBinder service) {
                Log. i("Test_ServiceConnection","进入 onServiceConnected 方法");
                binder= (ServiceTry. ShowMsg) service;//此处 service 为 service 通信时
的 IBinder,也就是 ServiceTry 中 onBind( )方法返回的 IBinder 对象
```

```
                Log.i("Test_ServiceConnection",str=binder.show());
            }
            @Override
            public void onServiceDisconnected(ComponentName name) {
                Log.i("Test_ServiceConnection","这是 onServiceDisconnected 方法");
            }
        };
}
```

(3) 运行项目。

① 点击“bindService(　　)启动服务”按钮，观察 Logcat。显示的内容如图 8.2 所示。

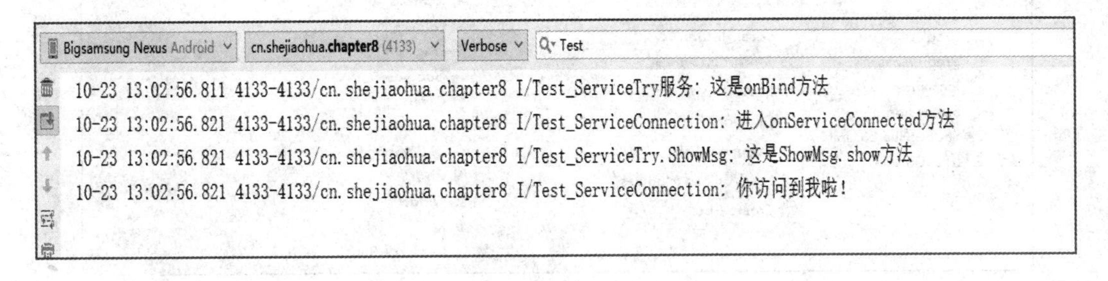

图 8.2　“bindService(　　)启动服务”开启后的界面

② 点击“关闭当前窗体”，观察开启的服务和开启者是否有关联。观察 Logcat，显示的内容如图 8.3 所示。

```
Bigsamsung Nexus Android | cn.shejiahua.chapter8 (4133) | Verbose | Test
10-23 13:02:56.811 4133-4133/cn.shejiahua.chapter8 I/Test_ServiceTry服务: 这是onBind方法
10-23 13:02:56.821 4133-4133/cn.shejiahua.chapter8 I/Test_ServiceConnection: 进入onServiceConnected方法
10-23 13:02:56.821 4133-4133/cn.shejiahua.chapter8 I/Test_ServiceTry.ShowMsg: 这是ShowMsg.show方法
10-23 13:02:56.821 4133-4133/cn.shejiahua.chapter8 I/Test_ServiceConnection: 你访问到我啦!
10-23 13:03:25.650 4133-4133/cn.shejiahua.chapter8 I/Test_ServiceTry服务: 这是onUnbind方法
    这是onDestroy方法
```

图 8.3　“关闭当前窗体”后的界面

从图 8.3 中控制台显示的内容可以看出，服务已进入销毁状态。这也验证了以 Context.bindService(　　)这种方法开启的服务和开启者有关联，可以进行交互，如果开启者销毁了，则服务也会被销毁。

2. 实现与远程服务通信

(1) 创建项目 SheJiaoHua_802 作为服务端，接着创建 AIDL，创建步骤如图 8.4 所示。

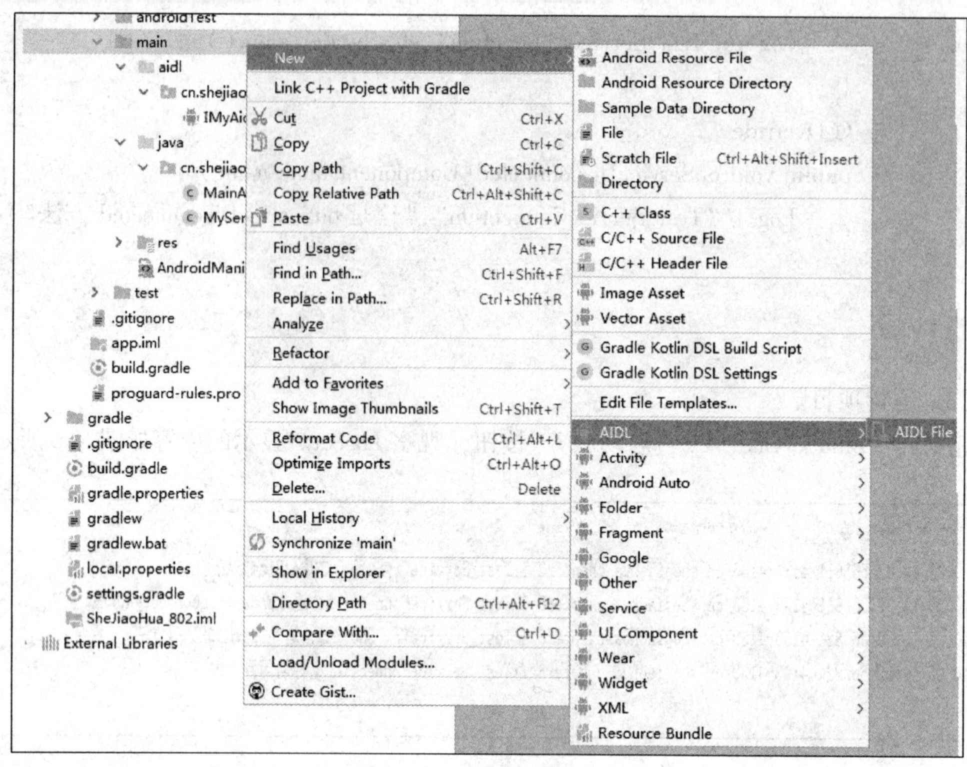

图 8.4 创建 AIDL 的步骤

创建的 AIDL 接口为 IMyAidlInterface. java，具体代码如下所示：

```
interface IMyAidlInterface {
    String show( ); //供其他进程调用的方法
    /**
     * Demonstrates some basic types that you can use as parameters
     * and return values in AIDL.
     */
    void basicTypes(int anInt,long aLong,boolean aBoolean,float aFloat,
            double aDouble,String aString);
}
```

接着创建服务的子类 MyService，具体代码如下所示：

```
public class MyService extends Service {
    @Nullable
    @Override
    public IBinder onBind(Intent intent) {
        return stub;
    }
    IMyAidlInterface. Stub stub=new IMyAidlInterface. Stub( ) {
        @Override
```

```
            public String show( ) throws RemoteException {
                return "你已成功与远程服务进行通信了";
            }
            @Override
             public void basicTypes( int anInt, long aLong, boolean aBoolean, float aFloat,
double aDouble,String aString) throws RemoteException {
            }
        };
    }
```

注册服务：注册时需要给 Service 标签加上属性 android：process＝"：remote"，表示将此服务设置为远程服务。具体注册代码如下所示：

```
    <service android:name=".MyService"
                android:process=":remote"
                android:exported="true">
                <intent-filter>
                    <action android:name="cn.shejiaohua.remoteservice"/>
                </intent-filter>
    </service>
```

最后记得构建项目。

（2）创建项目 SheJiaoHua_803 作为要访问服务的客户端，将 SheJiaoHua_802 项目中的 aidl 目录拷贝到项目 SheJiaoHua_803 的 main 目录下。

在布局文件中添加按钮，如图 8.5 所示。

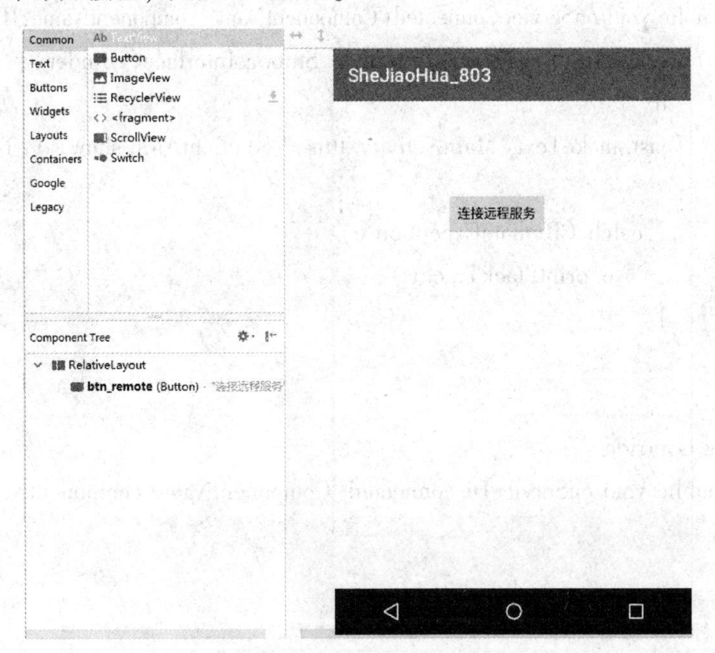

图 8.5　在布局文件中添加按钮

点击按钮“连接远程服务”，使用 bindService(　　)方法启动远程服务。具体代码如下所示：

```
public class MainActivity extends AppCompatActivity {
    Button btn;
    IMyAidlInterface clientAidl;
    @Override
    protected void onCreate(Bundle savedInstanceState) {
        super.onCreate(savedInstanceState);
        setContentView(R.layout.activity_main);
        btn=findViewById(R.id.btn_remote);
        btn.setOnClickListener(new View.OnClickListener() {
            @Override
            public void onClick(View view) {
                Intent intent=new Intent();
                intent.setAction("cn.shejiaohua.remoteservice");
                bindService(intent,con,Context.BIND_AUTO_CREATE);
            }
        });
    }
    ServiceConnection con=new ServiceConnection(){
        @Override
        public void onServiceConnected(ComponentName componentName,IBinder iBinder){
            clientAidl=   IMyAidlInterface.Stub.asInterface(iBinder);
            try {
          Toast.makeText(MainActivity.this,""+clientAidl.show(),Toast.LENGTH_
SHORT).show();
            } catch (RemoteException e) {
                e.printStackTrace();
            }
        }

        @Override
        public void onServiceDisconnected(ComponentName componentName) {
        }
    };
}
```

(2) 启动 SheJiaoHua_803 应用程序，运行结果如图 8.6 所示。

图 8.6　启动 SheJiaoHua_803 应用程序

本章小结

本章对 Service 的创建、注册、启动方式，以及每种启动方式对应的 Service 的生命周期进行了简介；然后介绍了本地服务通信和应用 AIDL 实现跨进程的远程服务通信。其中如何创建和启动服务是本章重点。

习　　题

(1) 简述 Service 的用途。

(2) 编程实现后台计数器的功能。即当时间累计 60 秒时，在主界面中提示“60 秒已到啦!”。

第九章　地图应用

知识点

(1) 显示出百度地图。

(2) 让地图显示我们当前的环境。

能力点

(1) 懂得获得百度地图 API key 及 SDK 的下载。

(2) 掌握百度地图的应用。

任务描述

在百度地图上显示当前的环境。

任务　地图应用

一、任务分析

在百度地图上显示当前的环境涉及的知识点有百度地图 SDK 的下载、密钥的生成及清单文件的配置，还需要认识 BDLocation 定位结果信息类——通过它的各种 get 方法，可获取定位相关的全部结果。

二、相关知识

1. 获得地图 API 密钥

进入 https：//lbsyun. baidu. com/打开百度地图开放平台，如图 9. 1 所示。

点击右上角的登录按钮，找开登录页面，输入百度账号和密码，输入正确就能成功登录；没有百度账号和密码的，需要先进行注册，如图 9. 2 所示。

成功登录后，返回 https：//lbsyun. baidu. com/所在页面，页面拉到最底部，有个“立即注册”按钮，如图 9. 3 所示。

点击“立即注册”，进入创建应用，生成密钥的页面，打开如图 9. 4 所示的界面。

图 9.1　百度地图开放平台

图 9.2　百度登录界面

图 9.3　页面底部的“立即注册”按钮

图 9.4　创建应用与生成密钥界面

输入应用名称，名称要和 Android Studio 环境中创建的应用地图的项目名称一致，选择应用类型为“Android SDK”，启用服务默认为全选。图 9.4 出现的 SHA1 的值对应 Android 签名证书的 SHA1 值，那如何获取呢？打开 Android studio 环境，任选一个项目，点击环境右侧的 Gradle 选项卡，如图 9.5 所示。

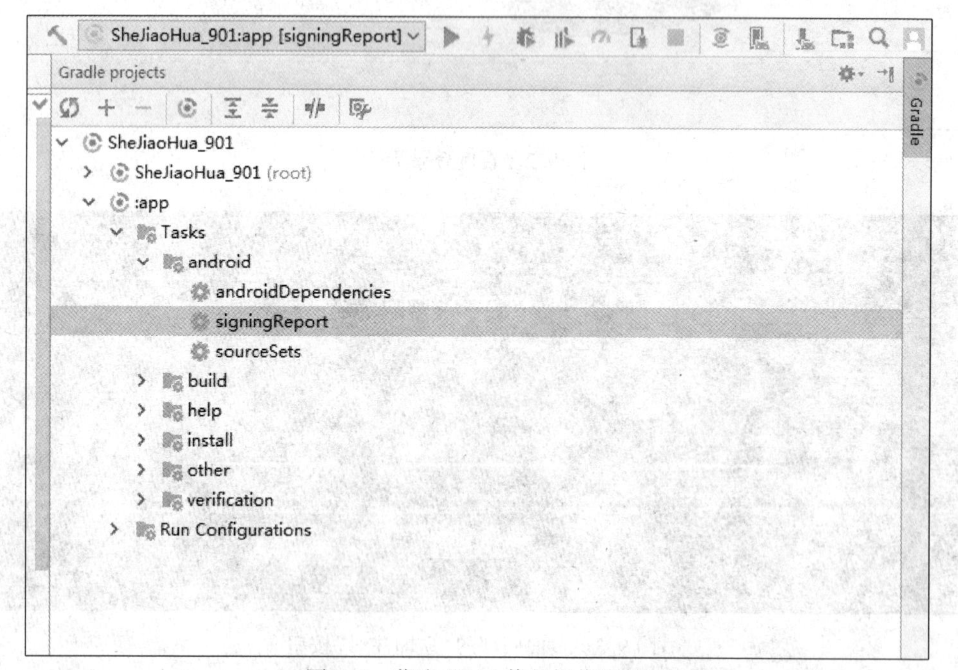

图 9.5　获取 SHA1 值的操作步骤

在 Run 窗口可查看所需的 SHA1 值，如图 9.6 所示。

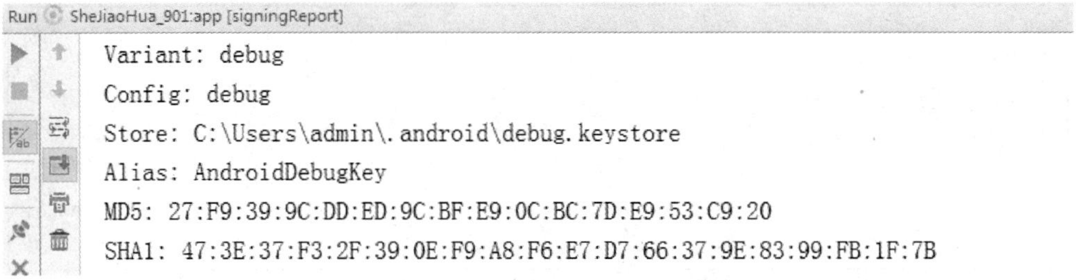

```
Run  SheJiaoHua_901:app [signingReport]
Variant: debug
Config: debug
Store: C:\Users\admin\.android\debug.keystore
Alias: AndroidDebugKey
MD5: 27:F9:39:9C:DD:ED:9C:BF:E9:0C:BC:7D:E9:53:C9:20
SHA1: 47:3E:37:F3:2F:39:0E:F9:A8:F6:E7:D7:66:37:9E:83:99:FB:1F:7B
```

图 9.6　Run 窗口下的 SHA1 值

复制 SHA1 值，粘贴到百度开发平台界面的发布版 SHA1 和开发版 SHA1(此处的发布版设置和开发版的 SHA1 一样)。接着输入包名，要求和你开发的项目包名一致，如果包名有改动，则百度密钥得重新生成，如图 9.7 所示。

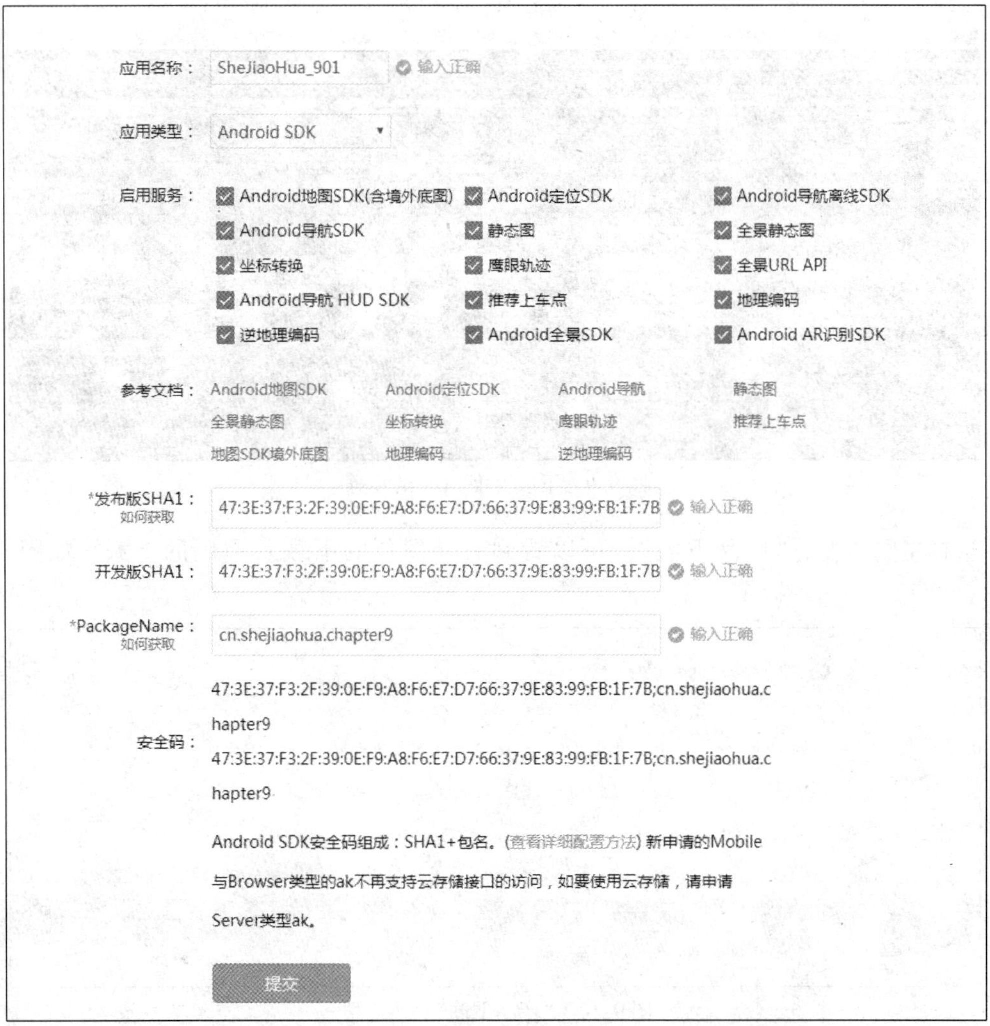

应用名称：SheJiaoHua_901　输入正确

应用类型：Android SDK

启用服务：Android地图SDK(含境外底图)　Android定位SDK　Android导航离线SDK　Android导航SDK　静态图　全景静态图　坐标转换　鹰眼轨迹　全景URL API　Android导航 HUD SDK　推荐上车点　地理编码　逆地理编码　Android全景SDK　Android AR识别SDK

参考文档：Android地图SDK　Android定位SDK　Android导航　静态图　全景静态图　坐标转换　鹰眼轨迹　推荐上车点　地图SDK境外底图　地理编码　逆地理编码

*发布版SHA1：如何获取　47:3E:37:F3:2F:39:0E:F9:A8:F6:E7:D7:66:37:9E:83:99:FB:1F:7B　输入正确

开发版SHA1：47:3E:37:F3:2F:39:0E:F9:A8:F6:E7:D7:66:37:9E:83:99:FB:1F:7B　输入正确

*PackageName：如何获取　cn.shejiaohua.chapter9　输入正确

安全码：47:3E:37:F3:2F:39:0E:F9:A8:F6:E7:D7:66:37:9E:83:99:FB:1F:7B;cn.shejiaohua.chapter9
47:3E:37:F3:2F:39:0E:F9:A8:F6:E7:D7:66:37:9E:83:99:FB:1F:7B;cn.shejiaohua.chapter9

Android SDK安全码组成：SHA1+包名。(查看详细配置方法) 新申请的Mobile与Browser类型的ak不再支持云存储接口的访问，如要使用云存储，请申请Server类型ak。

提交

图 9.7

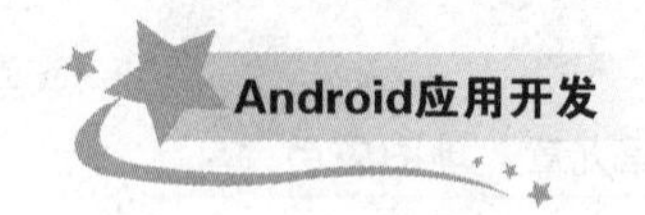

点击“提交”，即可生成百度密钥，如图 9. 8 所示。

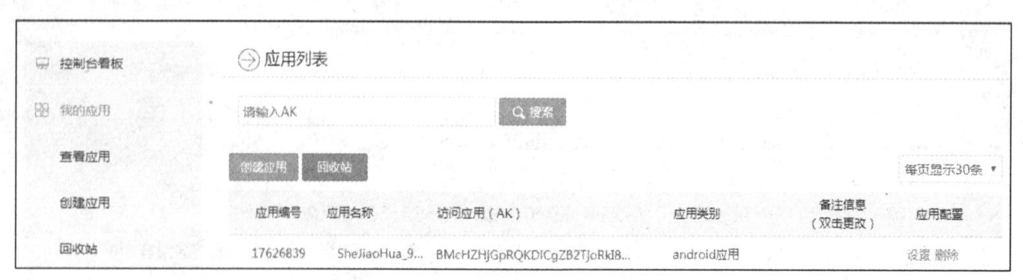

图 9. 8　生成百度密钥流程

图中“访问应用(AK)”对应的值就是百度密钥。

2. 下载 SDK

接着，我们要下载百度地图 SDK，具体步骤如图 9. 9 所示。

图 9. 9　下载百度 SDK 的步骤

选择左侧列表的“产品下载”，可以看到有开发包的下载及源码的下载，如图 9. 10 所示。

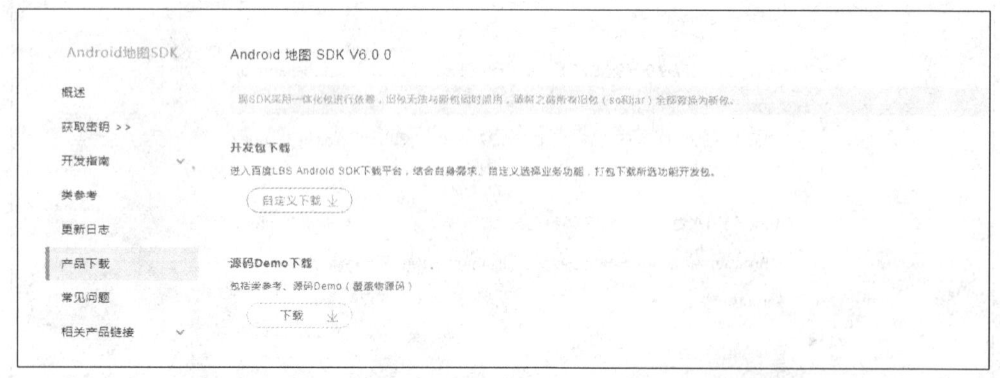

图 9. 10　“产品下载”页面详情

选择图 9.11 中的“自定义下载”，进入下载页面，如图 9.11 所示。

图 9.11　下载界面

选择相应的开发资源，点击按钮“开发包”会下载你所选择的资源(这里下载了显示地图及定位的开发包)。下载完开发包后，会得到一个名为“BaiduLBS_AndroidSDK_Lib.zip”的开发包，解压出来有个 libs 目录，进入该目录，会看到 jar 包及一些 .so 的文件，如图 9.12 所示。

图 9.12　解压开发包形成的 libs 目录

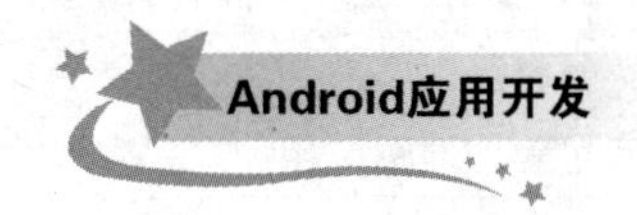

将解压后的所有的文件拷贝到开发项目的 libs 目录下，如图 9.13 所示。

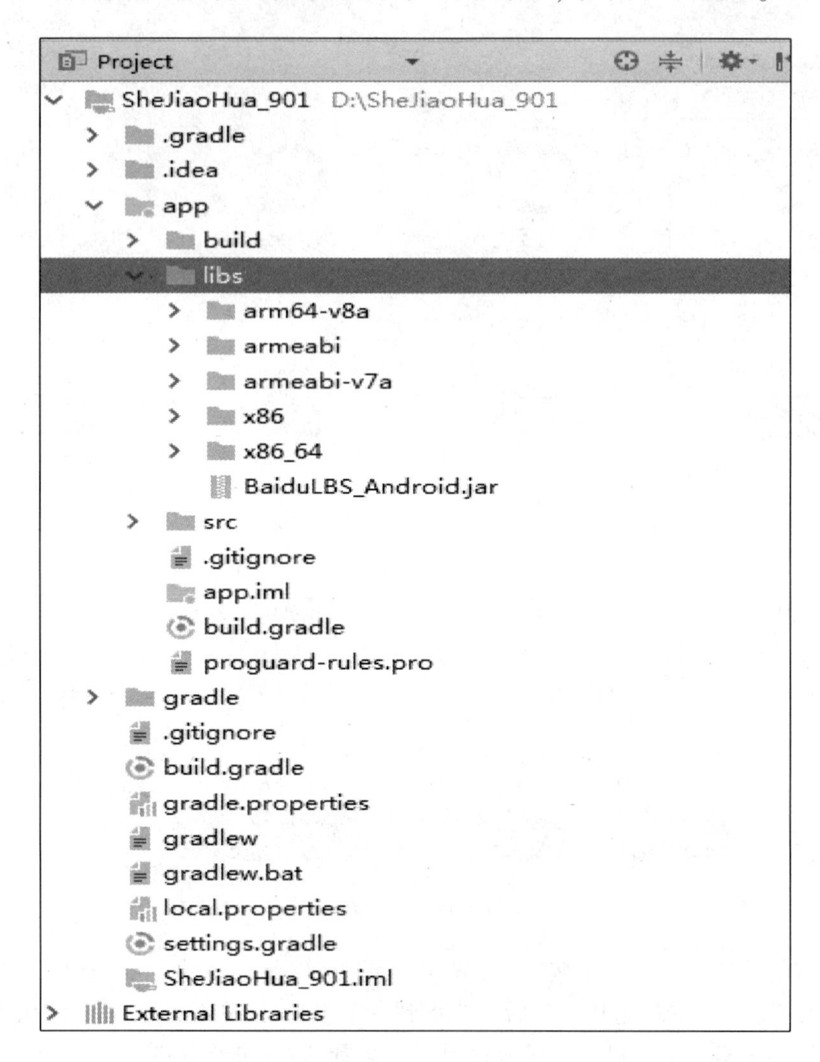

图 9.13　复制解压文件到开发项目的 libs 目录下

在 build.gradle 的 android {……} 代码块中添加上如下代码：

```
sourceSets {
    main() {
        jniLibs.srcDirs=['libs']
    }
}
```

接下来，工程配置还需要把 BaiduLBS_Android.jar 包集成到自己的工程中，选择“文件-->项目结构-->app-->Dependencies--> + -->File dependency”，选择 libs 目录下的 BaiduLBS_Android.jar，并将其导入工程中，如图 9.14 所示。

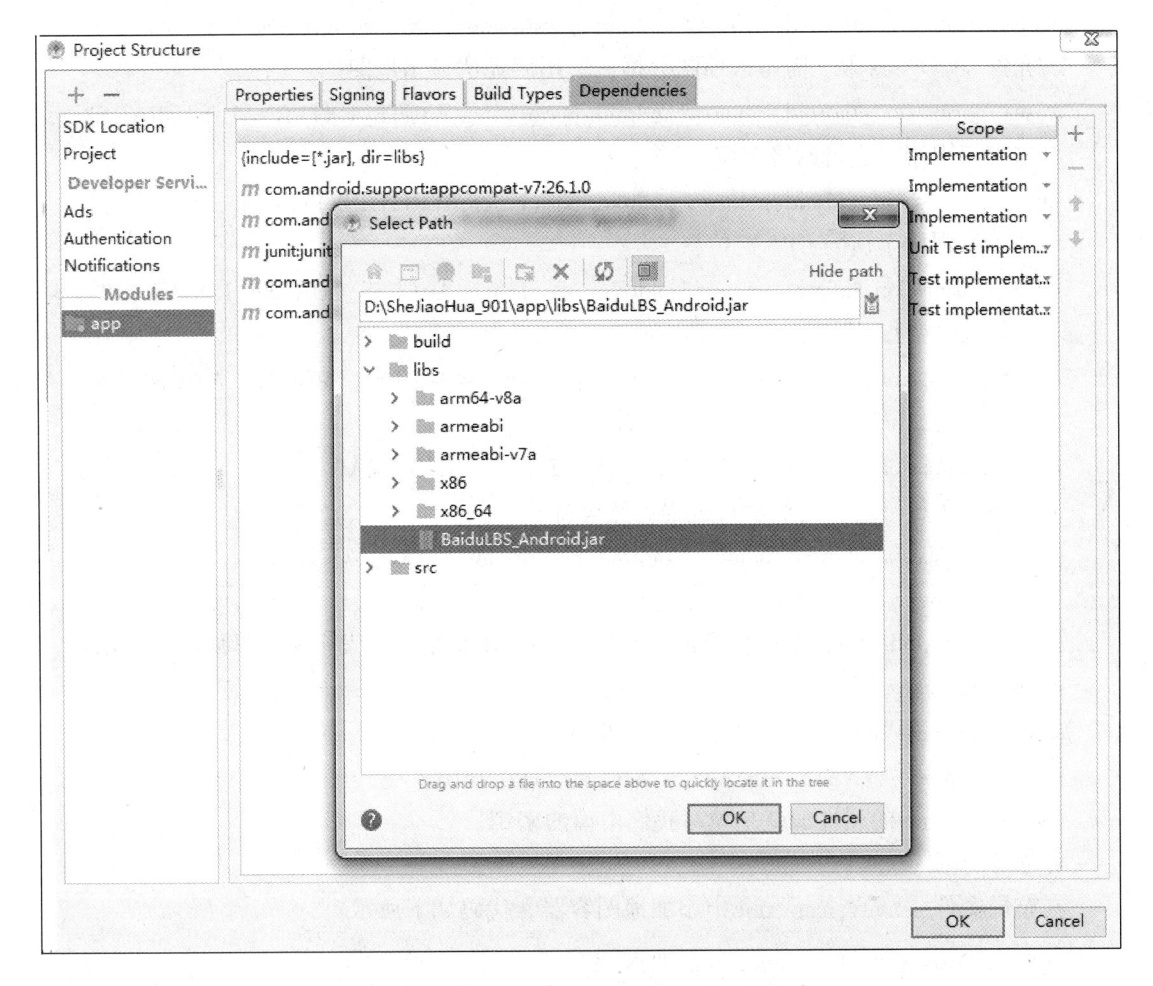

图 9. 14　将 BaiduLBS_Android. jar 导入工程中

3. 清单文件的配置

获得百度密钥及下载完 SDK 后，新建工程，完成环境配置后，接下来要在清单文件中添加所需权限：

//获取设备网络状态，禁用后无法获取网络状态

<uses-permission android:name="android. permission. ACCESS_NETWORK_STATE" />

//网络权限，当禁用后，无法进行检索等相关业务

<uses-permission android:name="android. permission. INTERNET" />

//读取设备硬件信息，统计数据

<uses-permission android:name="android. permission. READ_PHONE_STATE" />

//读取系统信息，包含系统版本等信息，用作统计

<uses-permission android:name="com. android. launcher. permission. READ_SETTINGS" />

```
//获取设备的网络状态，鉴权所需网络代理
<uses-permission android:name="android.permission.ACCESS_WIFI_STATE" />
//允许 sd 卡写权限，需写入地图数据，禁用后无法显示地图
<uses-permission android:name="android.permission.WRITE_EXTERNAL_STORAGE" />
//这个权限用于进行网络定位
<uses-permission android:name="android.permission.WRITE_SETTINGS" />
//这个权限用于访问 GPS 定位
<uses-permission android:name="android.permission.ACCESS_COARSE_LOCATION" />
//获取统计数据
<uses-permission android:name="android.permission.ACCESS_FINE_LOCATION" />
//使用步行 AR 导航，配置 Camera 权限
<uses-permission android:name="android.permission.CAMERA" />
//程序在手机屏幕关闭后后台进程仍然运行
<uses-permission android:name="android.permission.WAKE_LOCK" />
```

接下来在<application>中添加子标签<meta-data>用来指定开发密钥，具体如下所示：

```
<meta-data
android:name="com.baidu.lbsapi.API_KEY"
android:value="VNA15Ael95A4SxAp8scqYi77TP0vc5BH"/>
```

android：value 的属性值就是填写我们申请的密钥。

4. 显示地图

在布局文件 activity_map.xml 中添加地图容器。代码如下所示：

```
<?xml version="1.0" encoding="utf-8"?>
<RelativeLayout xmlns:android="http://schemas.android.com/apk/res/android"
    xmlns:tools="http://schemas.android.com/tools"
    android:layout_width="match_parent"
    android:layout_height="match_parent"
    tools:context=".MainActivity">

    <com.baidu.mapapi.map.MapView
        android:id="@+id/bmapView"
        android:layout_width="match_parent"
        android:layout_height="match_parent"
        android:clickable="true" />
</RelativeLayout>
```

主活动页 MainActivity.java 的代码如下所示：

```
public class MainActivity extends AppCompatActivity {
    private MapView mMapView=null;
    @Override
    protected void onCreate(Bundle savedInstanceState) {
        super.onCreate(savedInstanceState);
        SDKInitializer.initialize(getApplicationContext());
        setContentView(R.layout.activity_map);
        //获取地图控件引用
        mMapView=(MapView) findViewById(R.id.bmapView);
    }
    @Override
    protected void onResume() {
        super.onResume();
      //在 activity 执行 onResume 时执行 mMapView. onResume (),实现地图生命周期
管理
        mMapView.onResume();
    }
    @Override
    protected void onPause() {
        super.onPause();
      //在 activity 执行 onPause 时执行 mMapView. onPause (),实现地图生命周期管理
        mMapView.onPause();
    }
    @Override
    protected void onDestroy() {
        super.onDestroy();
      //在 activity 执行 onDestroy 时执行 mMapView.onDestroy(),实现地图生命周期管理
        mMapView.onDestroy();
    }
}
```

运行项目，效果如图 9.15 所示。

图 9.15　项目运行后的效果

三、任务实施

1. 显示所处位置

（1）在布局文件 activity_location. xml 中添加地图容器。代码如下所示：

```
<? xml version = "1. 0"  encoding = "utf-8" ? >
<RelativeLayout xmlns:android = "http://schemas. android. com/apk/res/android"
      xmlns:tools = "http://schemas. android. com/tools"
      android:layout_width = " match_parent"
      android:layout_height = " match_parent"
      tools:context = ". MainActivity" >
```

```
<com. baidu. mapapi. map. MapView
        android:id="@+id/bmapView"
        android:layout_width="match_parent"
        android:layout_height="match_parent"
        android:clickable="true" />
</RelativeLayout>
```

（2）主活动页 LocationActivity. java 的代码如下所示：

```
public class LocationActivity extends AppCompatActivity {
    public LocationClient mLocationClient=null;
  private MyLocationListener myListener=new MyLocationListener();
    private MapView mapView;
    private BaiduMap baiduMap;

    @Override
    protected void onCreate(Bundle savedInstanceState) {
        super. onCreate(savedInstanceState);
        mLocationClient=new LocationClient(getApplicationContext());
        //声明 LocationClient 类
        mLocationClient. registerLocationListener(myListener);
        SDKInitializer. initialize(getApplication());
        setContentView(R. layout. activity_location);
        init();//初始化
    }

    private void init() {
        mapView=(MapView) findViewById(R. id. bmapView);//建立控件关联
        baiduMap=mapView. getMap();//提供了地图对象的操作方法与接口
        InitLocation();
        mLocationClient. start();
    }

    private void InitLocation(){
        LocationClientOption option=new LocationClientOption();
                option. setLocationMode  (LocationClientOption. LocationMode. Hight _
Accuracy);//设置定位模式
        option. setCoorType("bd09ll");//设置百度经纬度坐标系格式
```

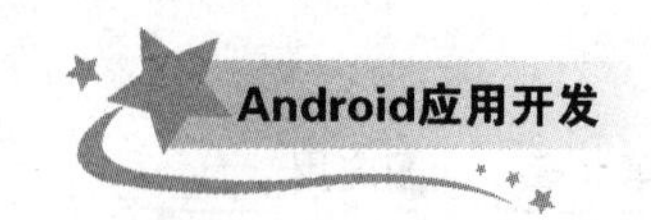


```
        option.setScanSpan(0);//设置发起定位请求的间隔时间为0ms
        option.setIsNeedAddress(true);//反编译获得具体位置,只有网络定位才可以
        mLocationClient.setLocOption(option);
    }

    public class MyLocationListener extends BDAbstractLocationListener {
        @Override
        public void onReceiveLocation(BDLocation location){
            //此处的BDLocation为定位结果信息类,通过它的各种get方法可获取
定位相关的全部结果
            //以下只列举部分获取位置描述信息相关的结果
            //更多结果信息获取说明,请参照类参考中BDLocation类中的说明
             LatLng latLng = new LatLng(location.getLatitude(),location.getLongitude
());//LatLng是以纬度和经度表示的地理坐标点
             MapStatusUpdate update = MapStatusUpdateFactory.newLatLng(latLng);//
用来设置地图新中心点
            baiduMap.animateMapStatus(update);//以动画方式更新地图状态,动画
耗时300ms
            update=MapStatusUpdateFactory.zoomTo(16f);//设置地图缩放级别
            baiduMap.animateMapStatus(update);//更新地图状态
        }
    }
}
```

在以上代码中，首先需要通过 baiduMap = mapView.getMap(　　)；创建一个 BaiduMap 对象，该对象提供了地图对象的操作方法与接口。

创建 BDAbstractLocationListener 类的子类，在重写的方法 onReceiveLocation(　　)方法中，定义 LatLng 对象。该对象是以纬度和经度表示的地理坐标点，它有两个参数的构造方法，用来传入经度和纬度。MapStatusUpdate update = MapStatusUpdateFactory.newLatLng(latLng)；

newLatLng(latLng)用来设置地图新中心点，并生成 MapStatusUpdate 对象，以便描述地图状态将要发生的变化，接着通过 baiduMap.animateMapStatus(update)方法更新地图状态。

MapStatusUpdateFactory.zoomTo(16f)；用来设置地图缩放级别，提供的开发包只支持16个级别，在3到18区间，对应的比例尺如下：

{"50m","100m","200m","500m","1km","2km","5km","10km","20km","25km","50km","100km","200km","500km","1000km","2000km"}

设置完缩放级别后，也要通过 baiduMap.animateMapStatus(update)方法更新地图状态。

2. 运行

运行程序，显示的效果如图 9.16 所示。

图 9.16　运行程序所显示的效果

本章小结

本章对百度地图进行了简介，包括如何获得地图 API 密钥，如何下载 SDK，如何进行清单文件的配置以及最后的地图显示，还介绍了如何在地图上显示我们所处的位置。大家有兴趣的话，可以根据本章提供的百度地图的网址，查看帮助文档，学习如何在指定的位置进行标记。

习　题

（1）如何查看 Android 签名证书的 SHA1 的值。

（2）显示自己所处的位置。

（3）查看百度地图开发文档，实现在指定的位置进行标记。